0~18个月宝宝精心照顾

新妈妈用对方法，宝宝聪明又健康

赵学良 ◎ 主编

吉林科学技术出版社

图书在版编目（C I P）数据

0～18个月宝宝精心照顾 / 赵学良主编. -- 长春：吉林科学技术出版社，2015.10

ISBN 978-7-5384-9875-2

Ⅰ. ①0… Ⅱ. ①赵… Ⅲ. ①婴幼儿一哺育 Ⅳ. ①TS976.31

中国版本图书馆CIP数据核字（2015）第233444号

0～18个月宝宝精心照顾

主　　编　赵学良
出 版 人　李　梁
策划责任编辑　孟　波　端金香
执行责任编辑　朱　萌
模　　特　于镱宁　崔瀚宇　车星伯　田昊雨　陈豫璇
　　　　　黄予萌　姜凯添　徐心澄　张卓尔
封面设计　长春市一行平面设计有限公司
制　　版　长春市一行平面设计有限公司
开　　本　780mm×1460mm　1/24
字　　数　300千字
印　　张　10
印　　数　1—8000册
版　　次　2016年1月第1版
印　　次　2016年1月第1次印刷

出　　版　吉林科学技术出版社
发　　行　吉林科学技术出版社
地　　址　长春市人民大街4646号
邮　　编　130021
发行部电话/传真　0431-85635177　85651759　85651628
　　　　　　　　85652585　85635176
储运部电话　0431-86059116
编辑部电话　0431-85635186
网　　址　www.jlstp.net
印　　刷　吉林省创美堂印刷有限公司

书　　号　ISBN 978-7-5384-9875-2
定　　价　39.90元

前言

新妈妈在没有任何育儿经验的前提下，第一次生育，面对自己刚刚产下的宝宝，但欣喜之余马上会有手足无措之感。即便在分娩前就已阅读过很多关于养育宝宝的书籍，积累了一些育儿经验，但是当真正面对宝宝时，才发现一下子又涌现出许多新问题，这实在让第一次当妈妈的人感到心焦！

宝宝为什么整夜哭闹，第一次喂配方奶粉到底要喂多少，宝宝睡觉总是突然惊醒是怎么回事，什么时候该给宝宝补充维生素D，给宝宝穿多少衣服合适，宝宝睡觉时是否需要把胳膊、腿都裹紧等一系列的问题蜂拥而来，新妈妈应该如何应对呢？

《0~18个月宝宝精心照顾》就是帮助新妈妈解答这些棘手问题的。本书按照月龄进行编排，介绍了0~18个月宝宝的照顾方案。根据不同月龄设置了“这样看宝宝的生长发育指标”“新妈妈催乳食谱”“宝宝辅食这样做”“最佳喂养方案”“日常护理指南”“做宝宝最棒的家庭医生”“我家的宝宝最聪明”等版块，从解读婴儿行为开始，全方位、细致地介绍了关于宝宝0~18个月的吃、穿、养、教，帮助新妈妈学会观察和解读宝宝的需求，从而确保宝宝健康成长。希望通过这本书，让育儿成为一件既简单又具有成就感的事情。

通过这本书，也希望新妈妈都能从紧张、劳累的育儿生活中解脱出来，按照本书中的育儿方法，建立科学的育儿观，用正确的方法养育宝宝，让宝宝吃好、睡好、健康成长，让新妈妈轻松度过这18个月。

目录

宝宝1个月啦，
小东西好可爱

宝宝2个月啦，
已经会熟练地吸奶了

第三章

宝宝3个月啦，会自己翻身了

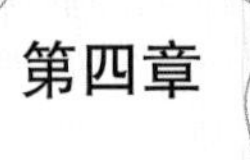

第四章

宝宝4个月啦，
依然喜欢被抱着

第五章

宝宝5个月啦，
有点怕生了

第六章

宝宝6个月啦，开始会坐了

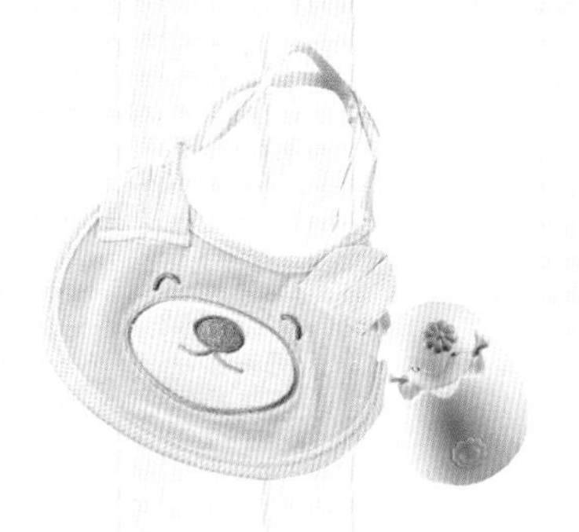

第七章

宝宝7个月啦，好黏妈妈啊

第八章

宝宝8个月啦，学习爬行了

宝宝9个月啦，会扶站了

第十章

宝宝10个月啦，模仿能力超级强

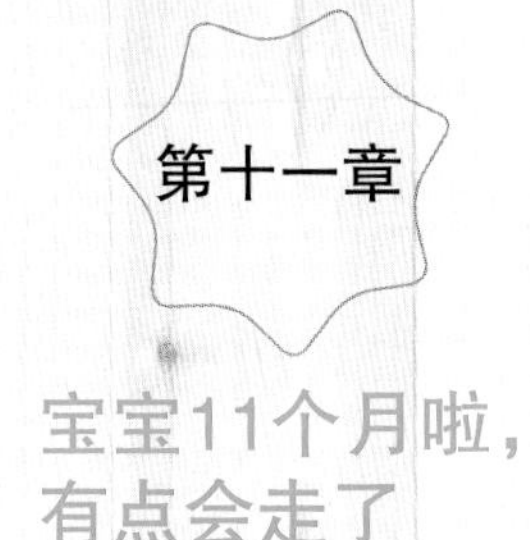

第十一章

宝宝11个月啦，有点会走了

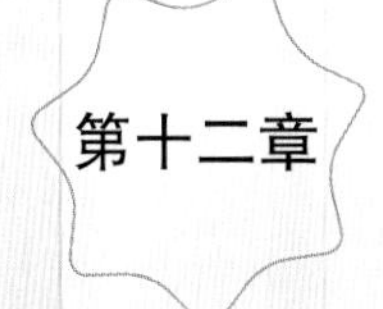

第十二章 宝宝12个月啦，已经会迈步子了

第十三章

宝宝13～15个月，长得好快啊

第十四章

宝宝15～18个月，快速成长的关键时期

第一章

宝宝1个月啦，小东西好可爱

diyijie
第一节

这样看宝宝的生长发育指标

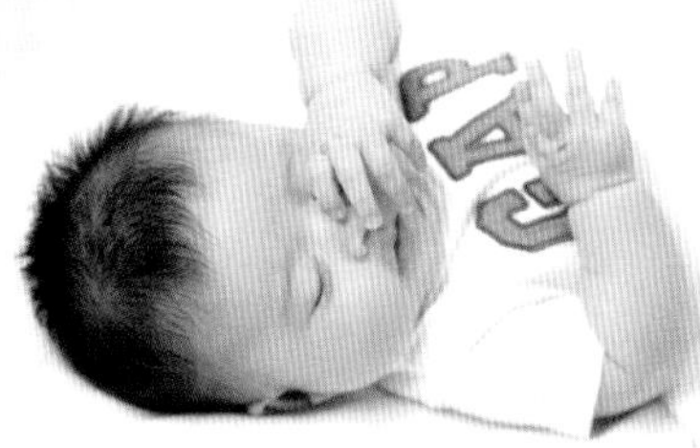

宝宝的发育指标

出生时	男宝宝	女宝宝	满月时	男宝宝	女宝宝
体重	约3.2千克	约3.1千克	体重	约5.2千克	约4.8千克
身长	约50.3厘米	约49.5厘米	身长	约56.8厘米	约56.1厘米
头围	约34.0厘米	约33.5厘米	头围	约38.2厘米	约37.5厘米
坐高	约36.8厘米	约36.5厘米	坐高	约37.5厘米	约37.2厘米

宝宝的发育特点

1. 可以本能的吮吸乳汁。
2. 无法随意活动，不能改变自己身体的位置。
3. 俯卧位时，臂部高耸，两膝关节屈曲，两腿蜷缩在下方。
4. 宝宝的手经常呈握拳状。
5. 将物体从宝宝头的一侧，慢慢移动到头的另一侧(移动180度)，当物体移动到头中央时（90度），宝宝会两眼随着看，眼的追视范围小于90度。
6. 会短时间握住手中的物体。
7. 能自动发出各种细小的喉音。
8. 双眼能追视在身体前边走动的人。
9. 头部能竖起支撑大约两秒钟。

新妈妈催乳食谱

豆腐干香菇炖猪蹄

[材料]

豆腐干、丝瓜各200克，香菇50克，猪蹄2个，盐、生姜丝、葱段、味精各适量。

[制作]

1 将猪蹄去毛、洗净，用刀剁成小块；将丝瓜削去外皮，洗净后切成薄片；香菇先切去老蒂头，水浸软后洗净。

2 将猪蹄置于锅中，加入适量的水，煮至肉烂时放入香菇、豆腐干及丝瓜，加入盐、生姜丝、葱段、味精。再煮几分钟后，即可离火。

花生鸡脚

[材料]

鸡脚300克，花生米50克，黄酒、姜片、盐、味精、鸡油各适量。

[制作]

1 将鸡脚剪去爪尖，洗净；花生米放入温水中浸泡半小时，换水洗净。

2 锅置火上，加入适量水，用武火煮沸，放入鸡脚、花生米、黄酒、姜片，锅加盖，煮2小时，加盐、味精调好口味，再用文火焖煮一会儿，淋上鸡油，即可食用。

里脊炒豌豆

[材料]

猪里脊肉200克，鲜嫩豌豆150克，酱油5克，植物油10克，盐2克。

[制作]

1 把豌豆剥好；里脊肉切成丁。

2 烧热油锅，把里脊肉丁、豌豆、酱油、盐一同放入，用大火快炒，炒熟即可。

虾米粥

[材料]

虾米30克，大米100克。

[制作]

1 虾米先用温水浸泡半小时，大米加水如常法煮粥。

2 半熟时加入虾米，到粥稠时即可。

肉馅儿蛋饼

[材料]

肉末1匙，葱末1匙，鸡蛋1个，植物油少许。

[制作]

1 将肉末、葱末搅成肉馅儿再放到锅里炒熟，盛出备用。

2 将鸡蛋搅打成糊。

3 锅内加植物油后加热，倒入鸡蛋糊，将肉馅儿放在鸡蛋上，摊成饼状出锅即可。

disanjie

第三节

最佳喂养方案

坚持母乳喂养

对于刚出生的宝宝来说，最理想的营养来源莫过于母乳了。因为母乳的营养价值高，且其所含的各种营养素的比例搭配适宜。母乳中还含有多种特殊的营养成分，如乳铁蛋白、牛磺酸、钙、磷等，母乳中所含的这些物质及比例对宝宝的生长发育以及增强抵抗力等都有益。母乳近乎无菌，而且卫生、方便、经济，所以对宝宝来说，母乳是最好的食物，它的营养价值远远高于任何其他代乳品。

母乳无可替代

营养素	功效
蛋白质	大部分是易于消化的乳清蛋白，以及抵抗感染的免疫球蛋白和溶菌素
脂肪	含有不饱和脂肪酸。由于母乳中的脂肪球较小，易于宝宝吸收
糖	主要是乳糖，有利于钙、铁、锌等营养素的吸收
钙、磷	虽然含量不多，但比例适宜，易吸收
牛磺酸	含量适中，牛磺酸和胆汁酸结合，可促进宝宝消化

教会新生儿吮吸母乳

宝宝第一次吮吸妈妈乳头时小嘴含接姿势要正确，如果第一次就错误吮吸，未来再要纠正的话则困难较大。

● 母子腹部相贴

开始哺乳时用乳头触碰宝宝的嘴唇，此时宝宝会把嘴张开。让乳头尽可能深地放入宝宝口内，使宝宝身体靠近自己，并且使其腹部面向并接触你的腹部。

● 含住乳晕部分

宝宝的嘴唇和牙龈要包住乳晕（乳头周围的深色区域）。一定不要让宝宝只用嘴唇含住或吸吮乳头，这样可以避免妈妈的不舒适感。如果宝宝吃奶位置正确，嘴唇应该在外面，而不是内收到牙龈上。

● 不要堵住宝宝的鼻子

哺乳时宝宝的下颚会来回动，并且发出轻微的吞咽声。宝宝的鼻子会接触乳房，但是不影响呼吸空气。

如果觉得疼痛，说明姿势错了，可将宝宝的嘴从乳头上移开，再试一次。将手指轻轻放在宝宝的嘴角，即可让宝宝停止吮吸乳房。

小贴士

{妈妈要积极预防乳腺炎}

在哺乳期，妈妈很容易由于乳腺淤积、输乳管堵塞等原因诱发乳腺炎。因此妈妈要保持良好的休息，而且也要排空乳汁。不能哺乳时，应用吸奶器将乳汁排空。

母乳不足时怎么办

● 如何判断母乳不足

与配方奶不同的是母乳的量是没法目测的，因此很多妈妈常常担心宝宝吃不饱，怕宝宝营养跟不上会影响宝宝的正常发育。

在出生后的第一个月里，如果宝宝每天体重增加30克，那么就说明乳汁足够宝宝所需了。

序号	判断方法
1	宝宝含乳头30分钟以上不松口
2	明明已经哺乳20分钟，可间隔不到1小时宝宝又饿了
3	宝宝体重增加不明显

● 如果母乳不足，可用配方奶代替

如果母乳不足，可适当用配方奶加以补充。原则上，能坚持母乳喂养，就要坚持母乳喂养。

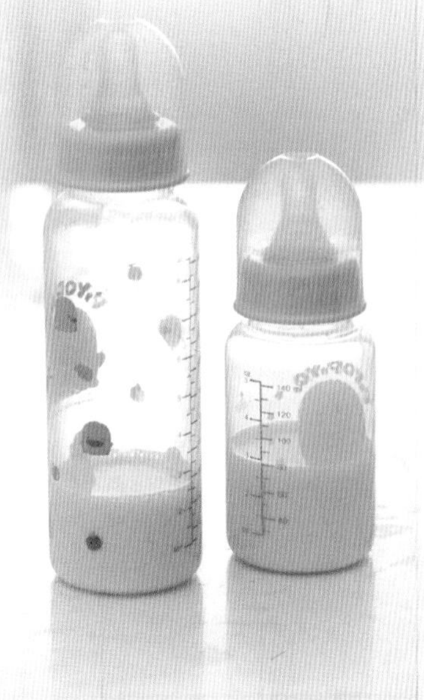

尽早开奶

宝宝出生后半小时，新妈妈就可以进行开奶了。

最初，乳汁的量非常少，但通过宝宝的吸吮会使新妈妈的乳头神经末梢得到刺激，通知大脑快速分泌催乳素，从而使乳汁大量泌出。如果新妈妈不尽快开奶，就会影响正常泌乳反射的建立，使乳汁分泌越来越少。同时，也不利于新妈妈子宫的恢复。

哺乳的次数、时间与哺乳量

1～3天的宝宝，按需哺乳，每次10～15分钟（要遵循按需哺乳的原则，根据个体差异而定）。

4～14天的宝宝，每2～3小时哺乳一次，每次15～20分钟，哺乳量为30～90毫升（要遵循按需哺乳的原则，根据个体差异而定）。

15～30天的宝宝，每隔3小时哺乳一次，每次15～20分钟。哺乳时间可安排在3点、6点、9点、12点、15点、18点、21点、24点，每次哺乳量为70～100毫升。

母乳喂哺的正确姿势

● 摇篮式

在有扶手的椅子上坐直，将宝宝抱在怀里，用前臂和手掌托着宝宝的身体和头部。喂右侧时用右手托，喂左侧时用左手托。放在乳房下的手呈U形，不要弯腰，也不要探身，而是让宝宝贴近你的乳房。这是早期喂奶的理想方式。

● 橄榄球式

让宝宝在您身体一侧，用前臂支撑他的背，让颈和头枕在您的手上。如果您刚刚做完剖宫产手术，那么这是一个很合适的姿势，因为这样对伤口的压力很小。

● 侧卧式

您可以在床上侧卧，让宝宝的脸朝向您，将宝宝的头枕在臂弯上，使他的嘴和乳头保持水平，用枕头支撑住后背。即使是在剖宫产后，这也是一个很好的姿势。

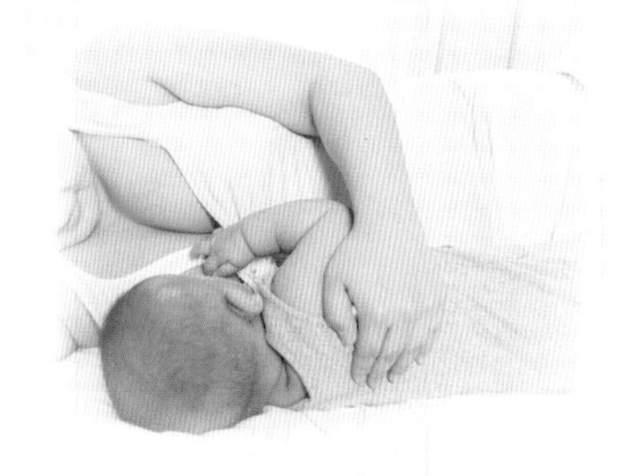

人工喂养

● 怎样冲泡配方奶

将沸腾的开水冷却至40℃，或用开水和事先晾好的凉白开兑至40℃的温水。水量按照奶粉罐上的说明，如一平匙奶粉兑30～60毫升水。

将热开水与凉白开混合，使之温度在40℃左右，然后按所需要的量注入奶瓶中。

按照配方奶的说明进行添加（一平匙奶粉兑30～60毫升的水，具体要求见奶粉罐）。

轻轻地摇晃加入奶粉的奶瓶，使奶粉充分溶解于水中。摇晃时易产生气泡，要多加注意。

用手腕的内侧感觉温度的高低，稍感温热即可。若过热可用流水冲凉。

● 配方奶的哺乳方法

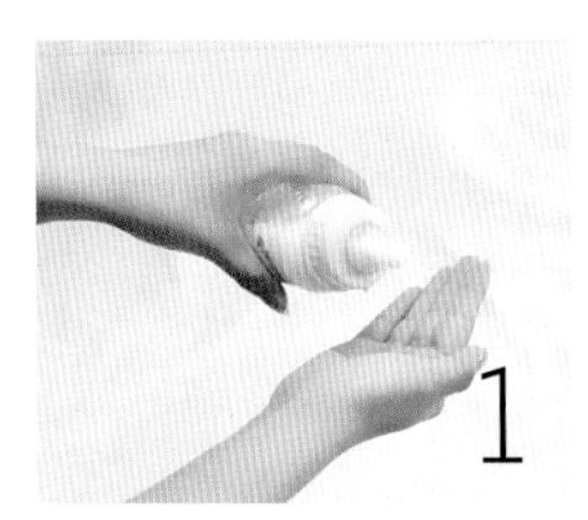

注意查看奶嘴是否堵塞或者流出的速度是否过慢。如果将奶瓶倒置时呈现“啪嗒啪嗒”的滴奶声就是正确的。

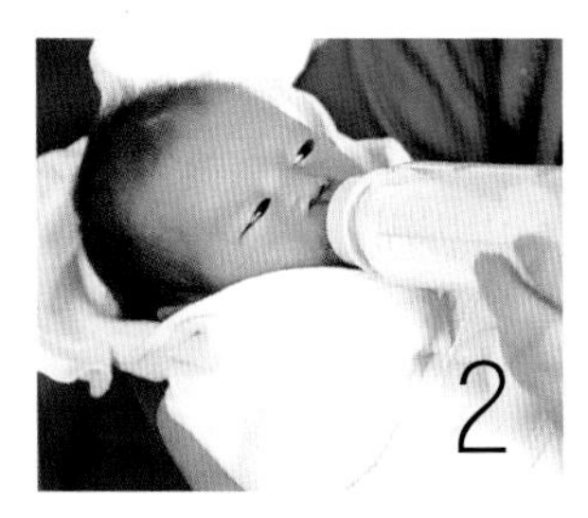

喂配方奶时最常用的姿势就是横抱。和喂母乳时一样，也要边注视着宝宝，边叫着宝宝的名字喂奶。

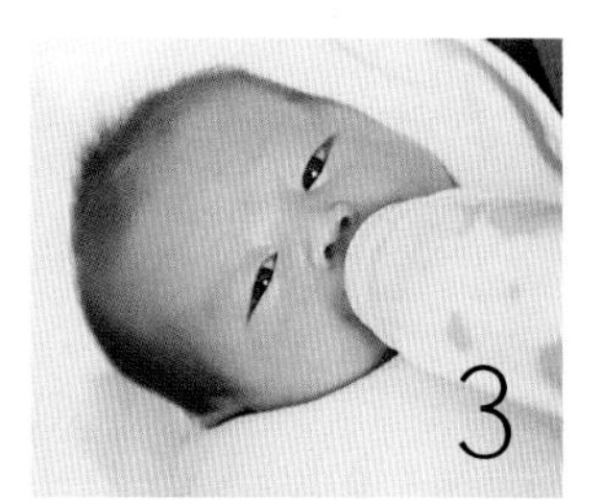

喂母乳时，宝宝要含住妈妈的乳头才能很好地吮吸乳汁，同样，在喂配方奶时也要让宝宝含住整个奶嘴。

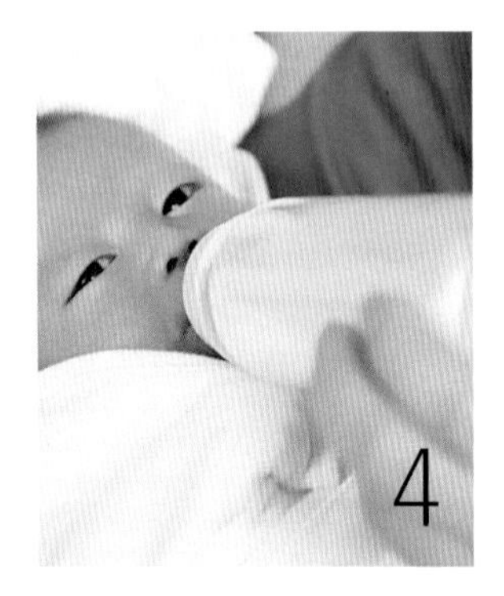

哺乳时应倾斜奶瓶，否则空气会通过奶嘴进入到奶瓶中，造成宝宝打嗝。

即便是抱着的情况下，宝宝也会打嗝，可以轻轻地拍打宝宝的背部，这样就能防止打嗝吐奶。

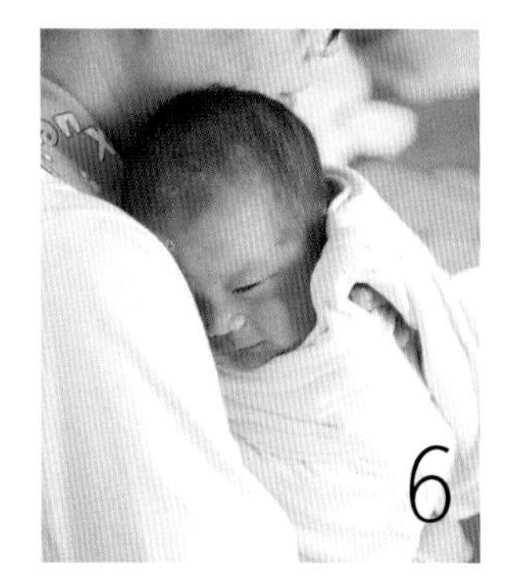

让宝宝倚在肩膀上，通过压迫其腹部，也可以让症状加以缓解。为了防止弄脏衣物，可在妈妈肩膀上放块手绢。

小贴士

注意冲泡温度

冲泡奶粉时千万不要在奶瓶中先放奶粉，再加热开水，最后加凉白开，因为如果水温在60℃以上，会破坏配方奶中的维生素C。

disijie

第四节

日常护理指南

怎样给新生儿洗澡

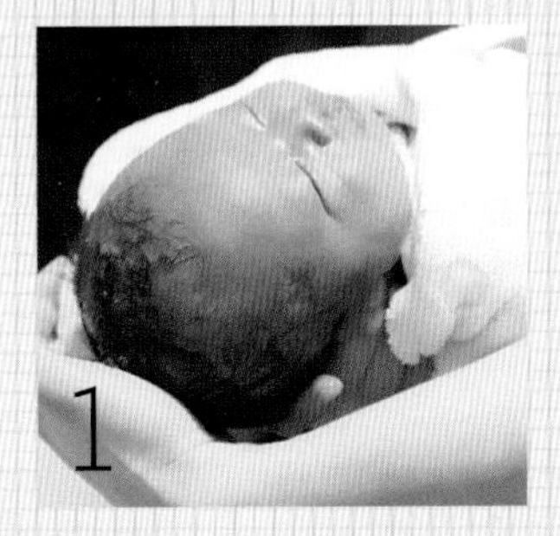

用一只手放在宝宝的耳后，并托住颈部，另一只手将双腿撩起后托住屁股。

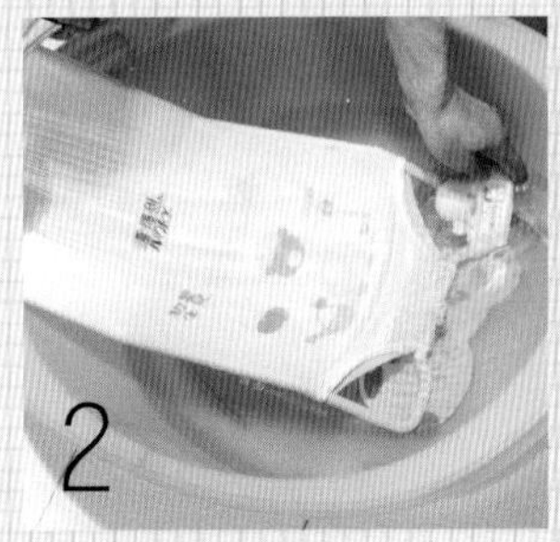

双手将宝宝托起后，妈妈再次检查一遍水温。

将纱布弄湿后清洗宝宝的脸部皮肤，这时先不要将宝宝的包被拿掉。

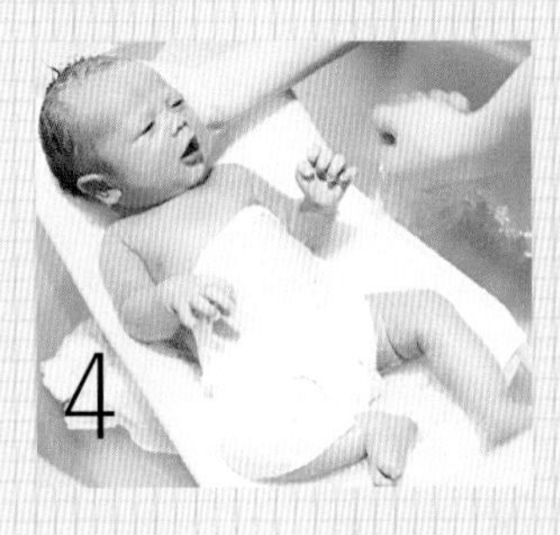

托住宝宝脖子，将宝宝放在洗澡架上，用纱布盖住肚脐，避免弄湿宝宝脐部造成感染。

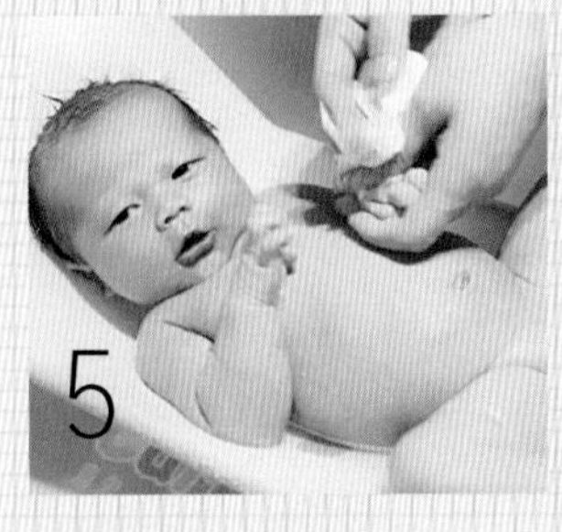

妈妈用拇指将宝宝的手指轻轻分开，用香皂泡沫轻轻地清洗。注意腕部的清洗用力要轻。

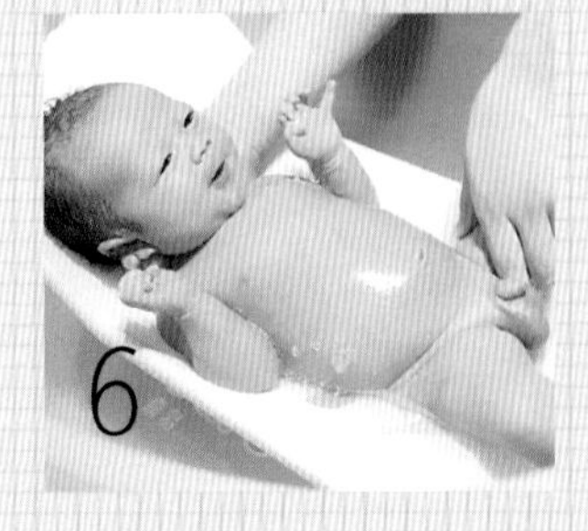

再把纱布用水润湿，揉搓出泡沫，然后擦拭宝宝的大腿根部。

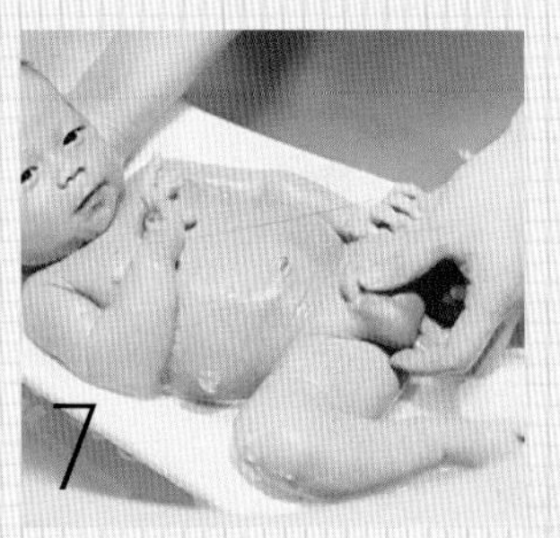

仔细地清洗宝宝的屁股和性器官，尤其褶皱部位，要特别认真清洗。

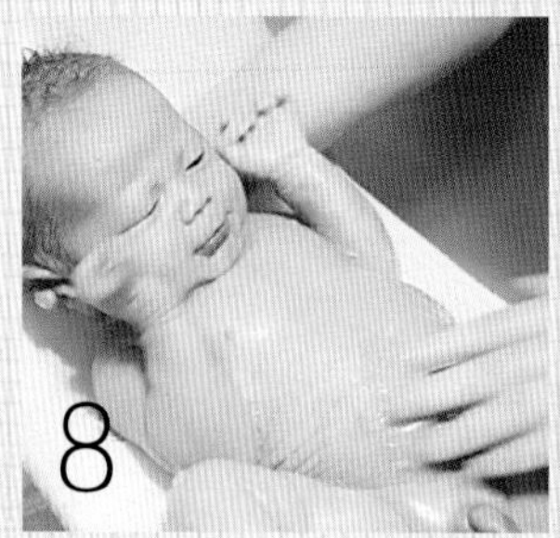

用手掌轻轻搓洗腹部，在脐部没有完全干之前，不要触碰。

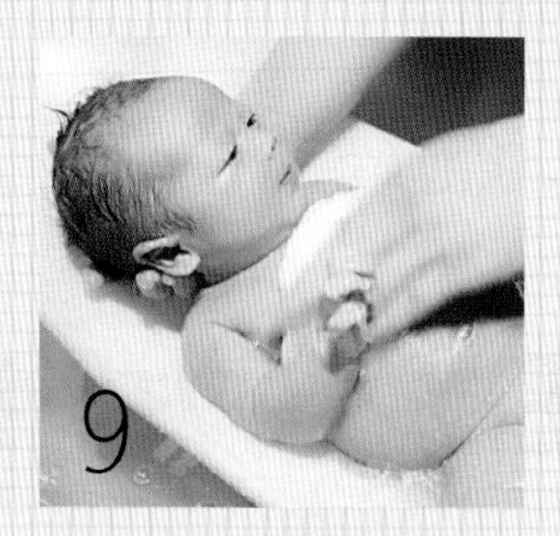

用手掌搓洗宝宝的胸部，力量要轻。

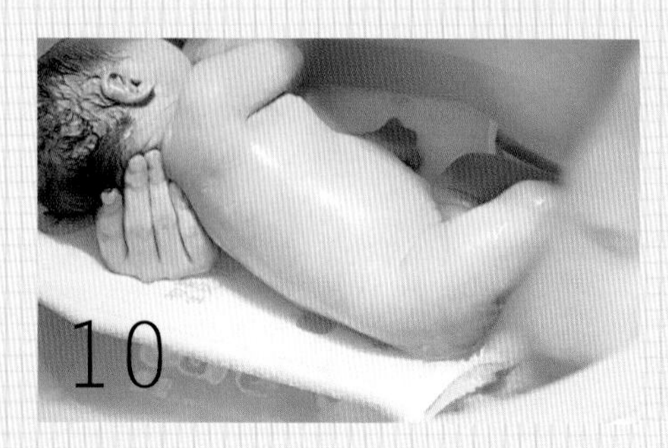

把手放在宝宝头部的后方，支在两耳之后，缓慢将宝宝的重心转移到这只手上。

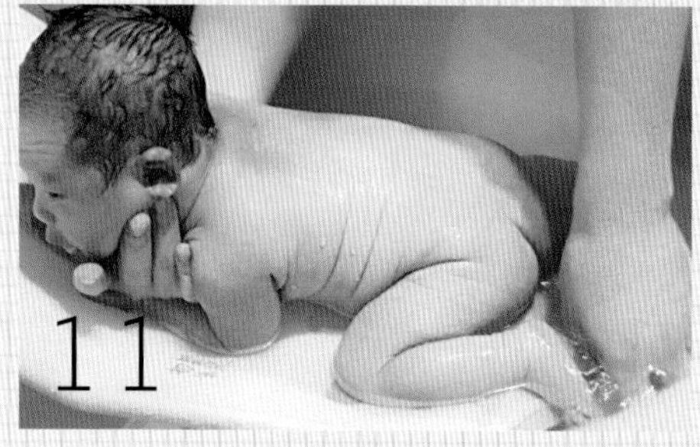

让宝宝背部朝上，用空出的一只手擦沐浴液，不要忘记清洗仰面时未清洗到的宝宝头后。

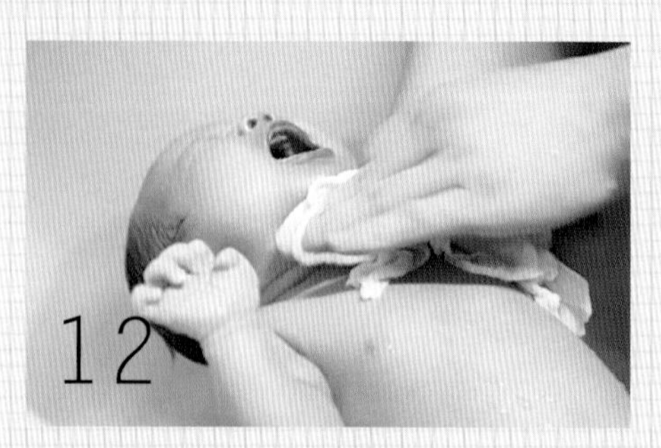

一只手托住宝宝的脖子，让宝宝仰起脖子，清洗宝宝的脖子。

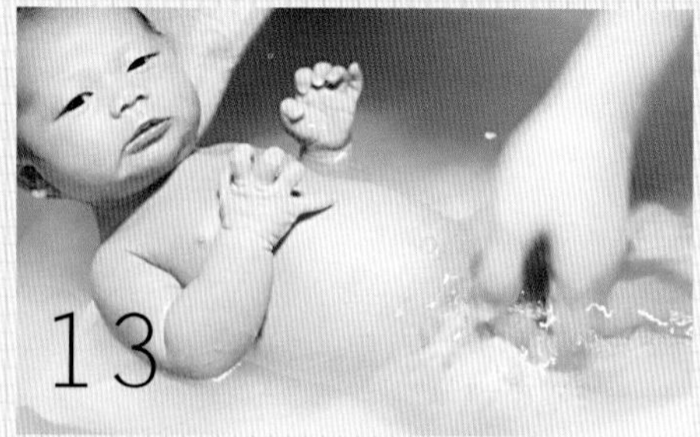

将宝宝的颈部以下再浸没到水中，可以用手掌抚摸宝宝的身体，让宝宝能够放松下来。

如何抱新生儿

抱新生儿的时候一定要注意托住新生儿的颈部和腰臀部。妈妈抱他的时候多走动。

抱新生儿的姿势要遵循新生儿肌肉的发育规律，否则，不但新生儿和大人都不舒服，甚至还会发生意外。出生不久的新生儿，头大身子小，颈部肌肉发育不成熟，不足以支撑起头部的重量。如果竖着抱新生儿，他的脑袋就会摇摇晃晃；而且新生儿的臂膀很短小，无法扶在妈妈的肩上，无法取得平衡。

传统尿布VS纸尿裤

传统尿布应选用柔软、吸水性强、耐洗的棉织品，旧布更好，如旧棉布、床单、衣服都是很好的备选材料。也可用新棉布制作，经充分揉搓后再用。新生儿尿布的颜色以白、浅黄、浅粉为宜，忌用深色，尤其是蓝、青、紫色的。

尿布不宜太厚或过长，以免长时间夹在腿间造成下肢变形，也容易引起感染。尿布在宝宝出生前就要准备好，使用前要清洗消毒，在阳光下晒干。

传统尿布的更换	
尿布的折叠	按照之前的痕迹进行折叠，通常是纵向对折一次后横向再对折一次，这样，尿布的上面就露在了外面
保留上面的腰带	内裤穿上后要在腹部中间处留出大约两根手指的间隙，并且将腰带留出来
尿布的使用	给宝宝换尿布时，要注意不能盖住宝宝的脐部。多余的部分男孩折叠到前面，女孩折叠到身后，或干脆剪掉

纸尿裤的更换	
把褶皱展平	将新尿布展开，把褶皱展平，以备使用
彻底地擦拭屁股	打开脏污的尿布，用浸湿的纱布擦拭屁股，不能有大便残留
取下脏纸尿裤	慢慢地将脏纸尿裤卷起，小心不要弄脏衣服、被褥或宝宝的身体
更换新纸尿裤	一只手将宝宝的屁股抬起，另一只手将新的纸尿裤放到下面
穿好新纸尿裤	将纸尿裤向肚子上方牵拉，注意左右的间隙粘好
保留腰部的纸带	在腰部留出妈妈两指的间隙，将腰部的纸带粘好即可

顺利给宝宝穿衣的技巧

宝宝在小的时候，身体还很柔软，给宝宝穿衣有一定的难度。但只要稍加注意，就会变成一种乐趣。

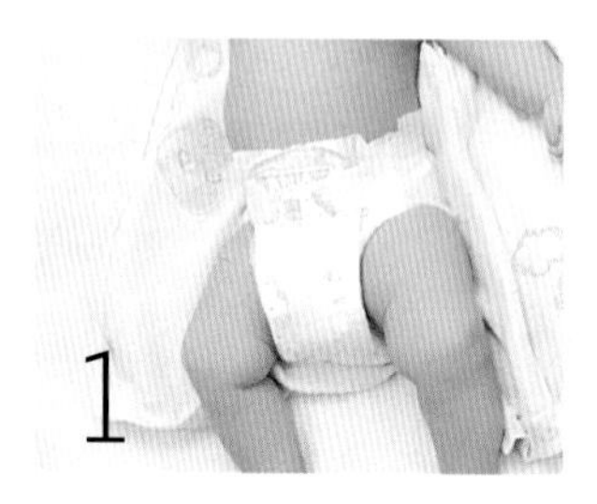

将贴身内衣及外套提前叠好放置，注意将袖子完全展开。

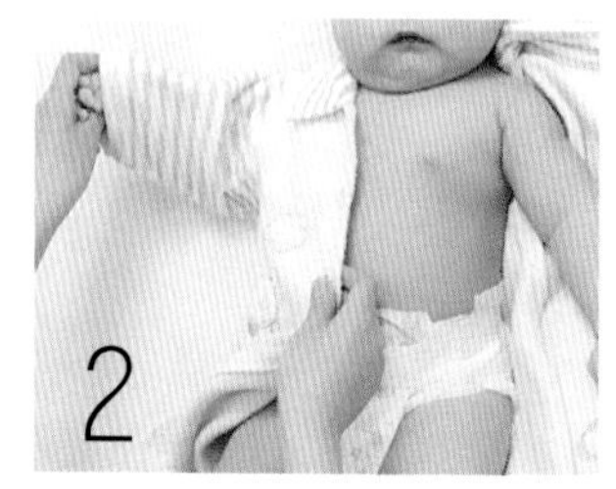

将衣袖伸开，妈妈的手从袖口进入，牵引出宝宝的胳膊，再穿另一侧。

领口的扣子不要系得太紧，将领子松散着，仅将内衣的布带系紧即可。

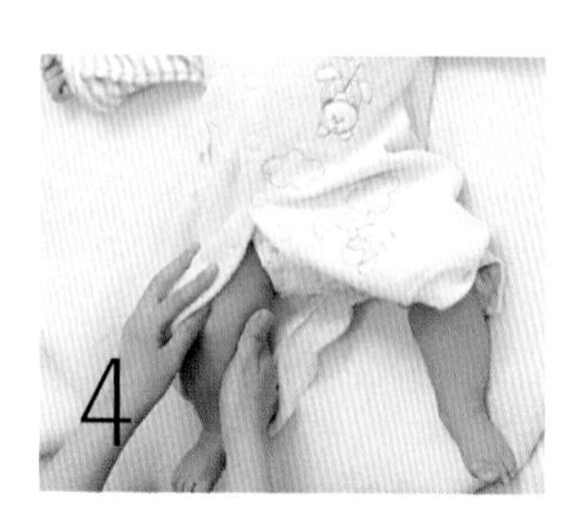

将裤腿展开，把宝宝的腿放入裤腿之中。

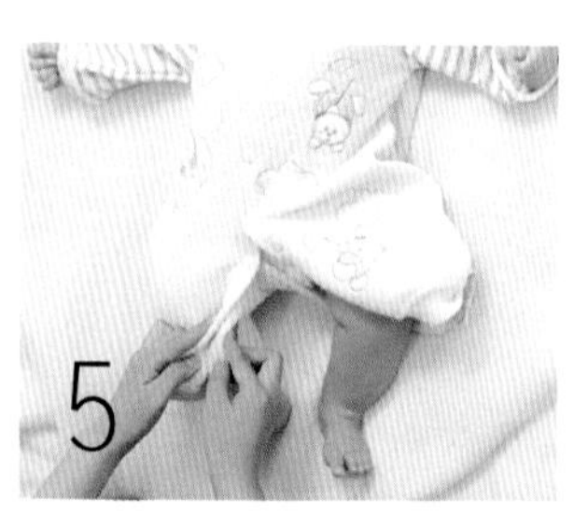

外衣的纽扣不可生硬地摁，要将衣服拎起离开宝宝身体后再摁上。

托住宝宝的屁股，将内衣和外套伸展平整。

宝宝衣物的选择与清洁

● 衣物的选择

1	因宝宝皮肤最外层耐磨性的角质层很薄，所以选择的内衣质地要柔软，不要接头过多，翻看里边的缝边是否粗糙而发硬，尤其要注意腋下和领口处。给宝宝选择缝边朝外的内衣最合适
2	要选用具有吸汗和排汗功能的全棉织品，以减少对宝宝皮肤的刺激，从而避免发生皮肤病
3	注意内衣的保暖性，最好是双层有伸缩性的全棉织品
4	宝宝头大而且脖子较短，为了穿脱方便，内衣款式要简洁，宜选用传统开襟款式
5	内衣色泽宜浅淡，最好是无花纹或仅有稀疏的小花图案，以便及早发现异常情况，还可避免有色染料对宝宝皮肤的刺激

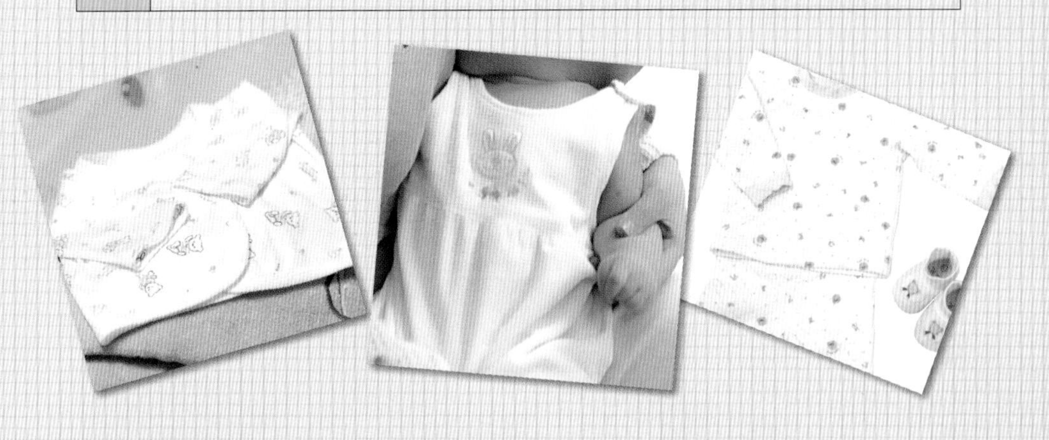

● 衣物的清洗

新衣洗了才能穿，洗涤婴幼儿衣物，不可与成人的衣服同洗，因为这样做会将成人衣物上的细菌传播到宝宝衣服上，稍不注意就会引发宝宝的皮肤问题，或感染其他疾病。

在洗涤婴幼儿衣物时，一定要用婴幼儿衣物专用洗涤剂，不能用增白剂、消毒剂等来清洗宝宝的衣物。洗完衣物后，要放在阳光下曝晒，这样可有效地杀菌消毒，防止细菌残留。

如何给新生儿做抚触

● 选择抚触的时间

给宝宝做抚触的最好时间：两次哺乳之间，宝宝的情绪稳定，没有身体不适或哭闹时。在宝宝过饱、过饿、过疲劳的时候切忌抚触，否则宝宝不但不能享受，反而对此很反感。每个抚摸动作不能重复太多，因为小宝宝不能长时间的集中注意力。所以应该先从5分钟开始，然后延长到15～20分钟，每日3次。刚开始做的时候，可以少一点儿时间、次数，以后逐步增加。

第一次给宝宝做抚触时，特别是做胸部抚触时，宝宝不一定会配合，他会因突然裸露身体而感到不安，甚至发生哭闹，坚持做几次以后，抚触就会成功。

● 抚触的内容

宝宝抚触的内容要按照年龄需要而定。长牙的宝宝，可以让他仰面躺下，多帮他按摩小脸；到了要爬的时候，再让他趴下帮他练习爬；学习走路的阶段，除了给他做些腿部按摩外，小脚丫按摩也很重要。

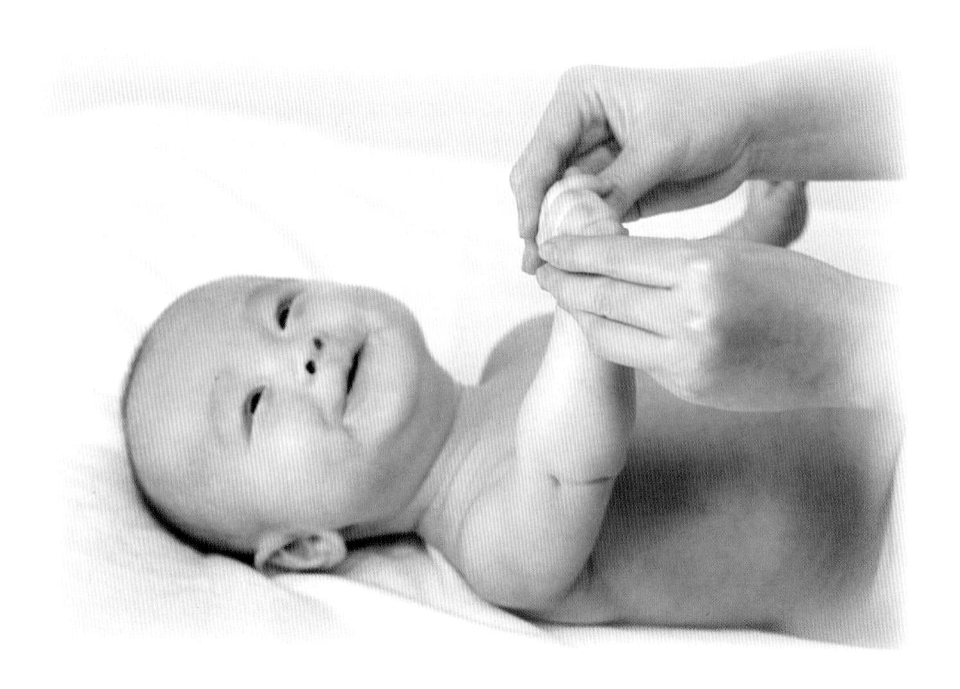

● 抚触的具体步骤

头部

双手固定宝宝的头，两拇指腹由眉心部位向两侧推，依次向上滑动，止于前额发际。两手拇指由下颏中央分别向外上方滑动，止于耳前。并用拇指在宝宝上唇画一个笑容。

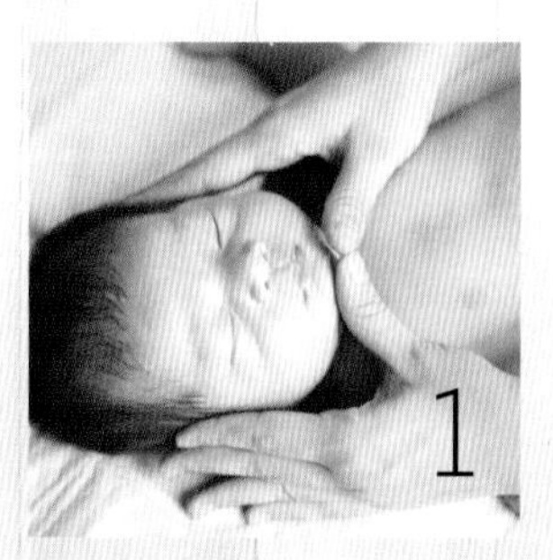

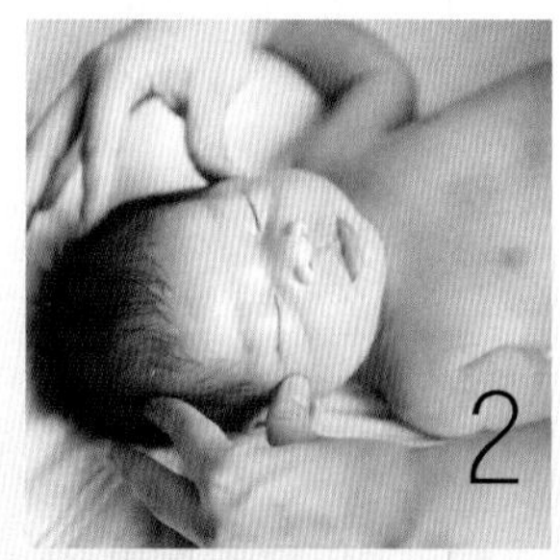

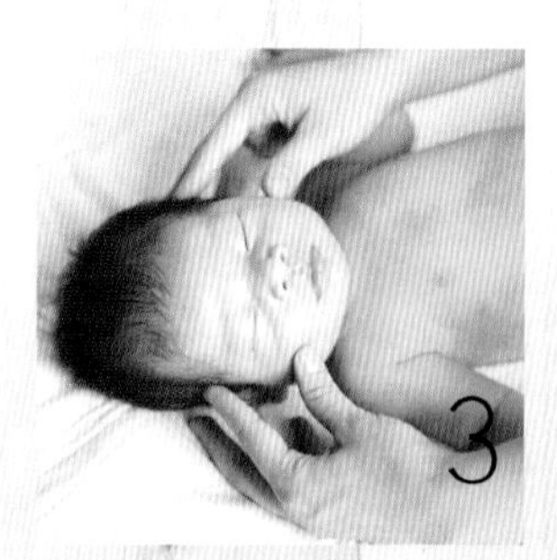

臀部

新生儿臀部皮肤被尿、便污染后，容易出现臀部皮肤的感染，这会使小宝宝感到非常不适，因而，为宝宝做臀部抚触既是一种关爱，也是一种治疗，它将为宝宝带来欢乐和健康。

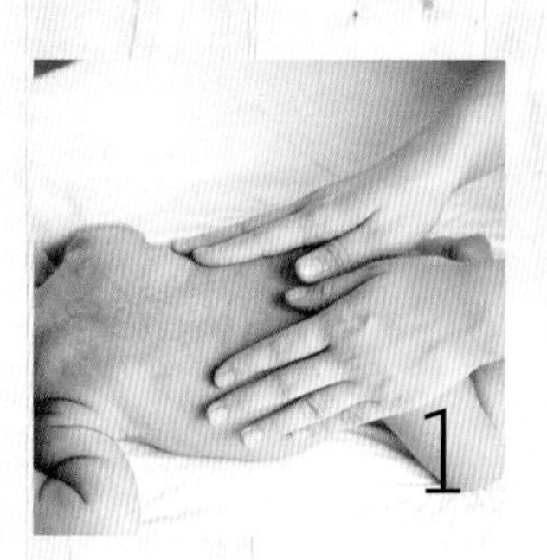

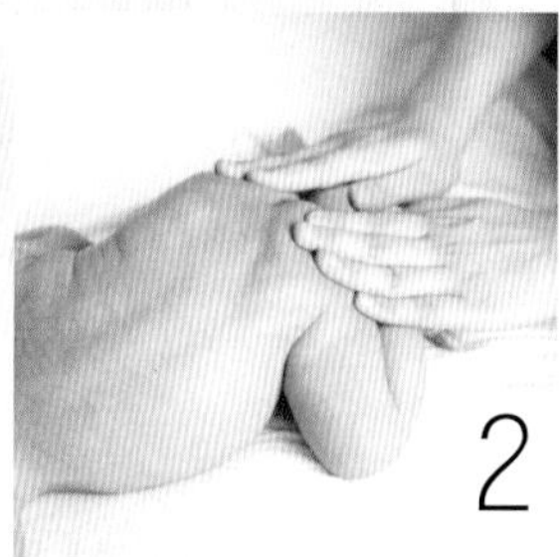

胸部

左手放在宝宝的胸廓右缘，左手示指腹、中指腹由右胸廓外下方经胸前向对侧锁骨中点滑动抚触。

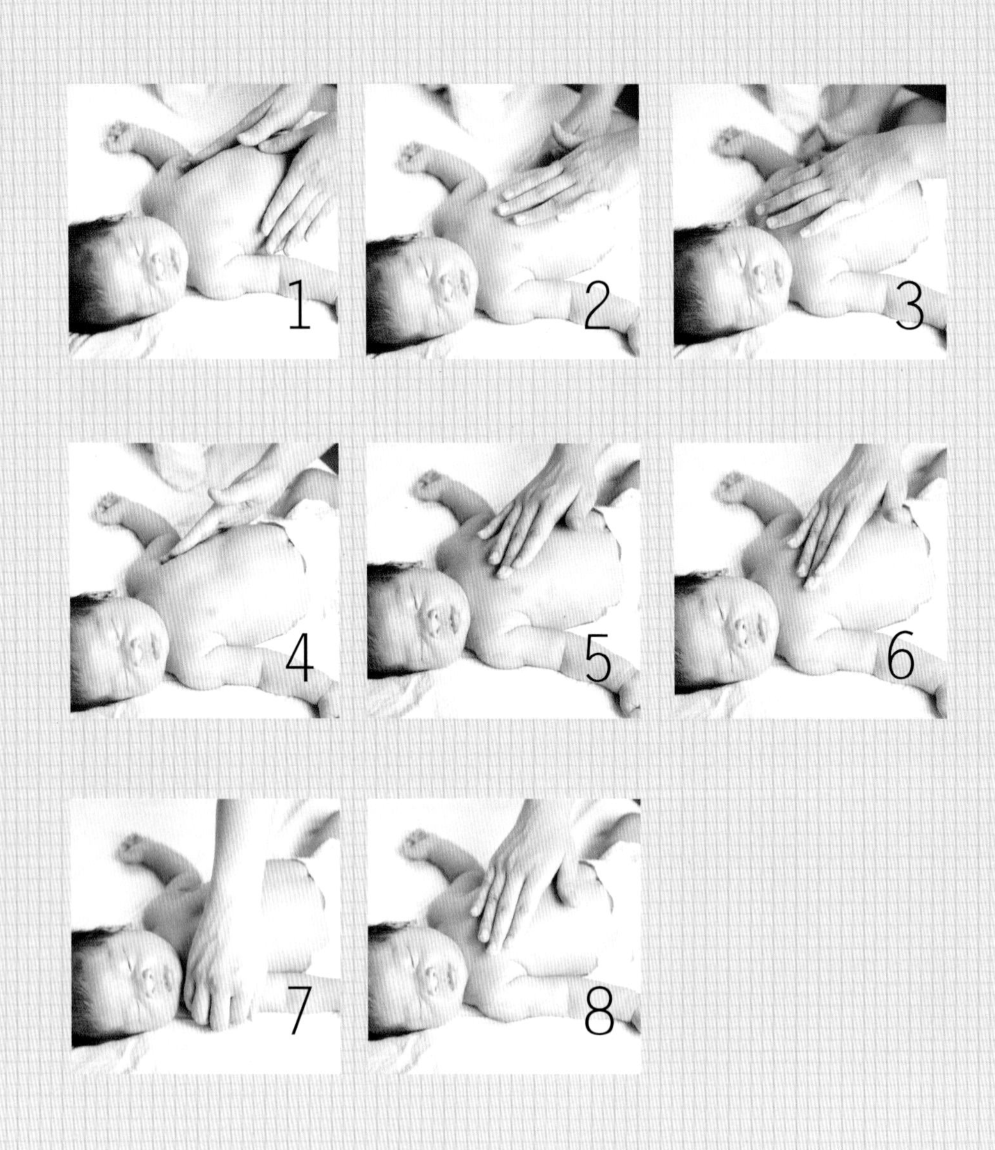

足部

沿着宝宝的脚纹方向抚触宝宝的脚心，用拇指的指腹从脚跟交叉向脚趾方向推动，然后轻轻揉搓牵拉每个脚趾。

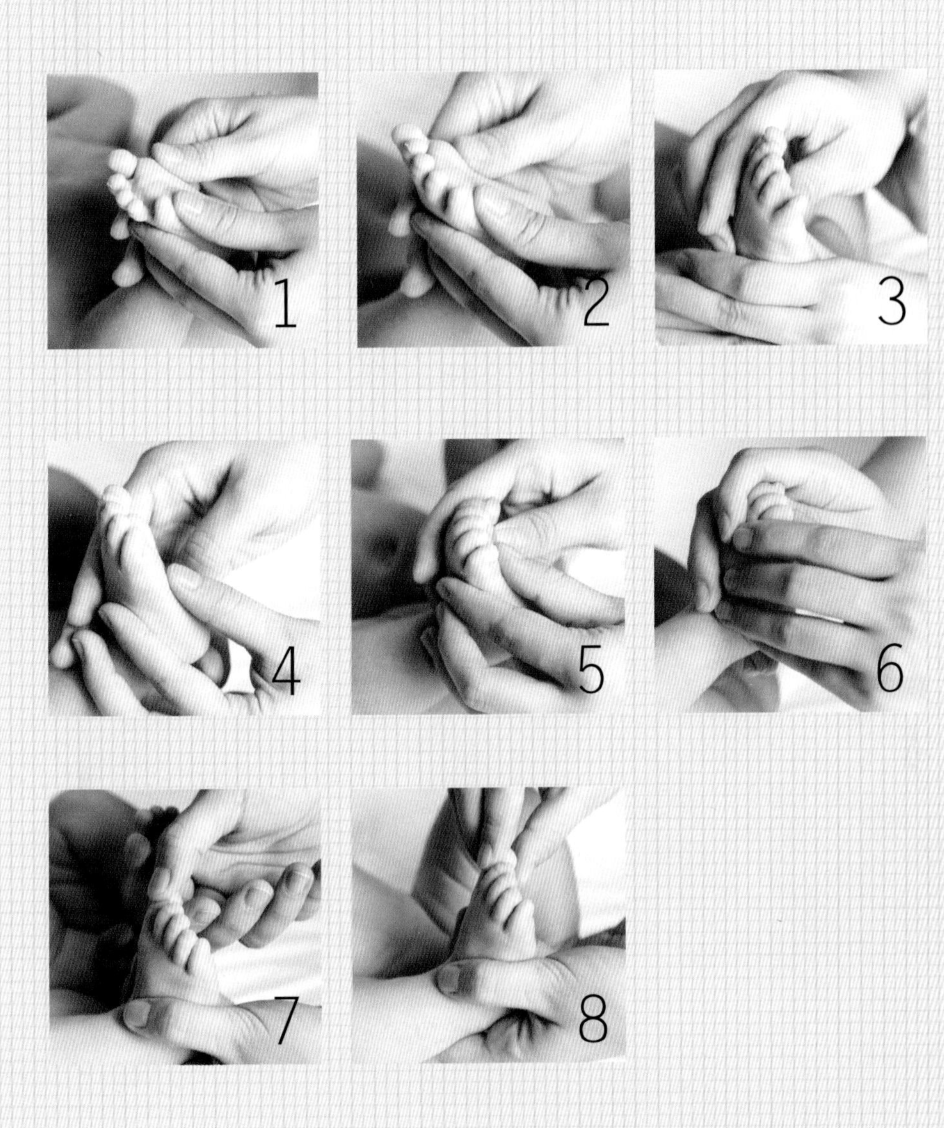

上肢

用右手握住宝宝右手，虎口向外，左手从近端向远端螺旋滑行达腕部。反方向动作，左手拉住宝宝左手，右手螺旋滑行到腕部，然后重复滑行。抚触过程中阶段性用力，轻轻挤压肢体肌肉，然后从上到下滚搓。重复另一侧手臂。

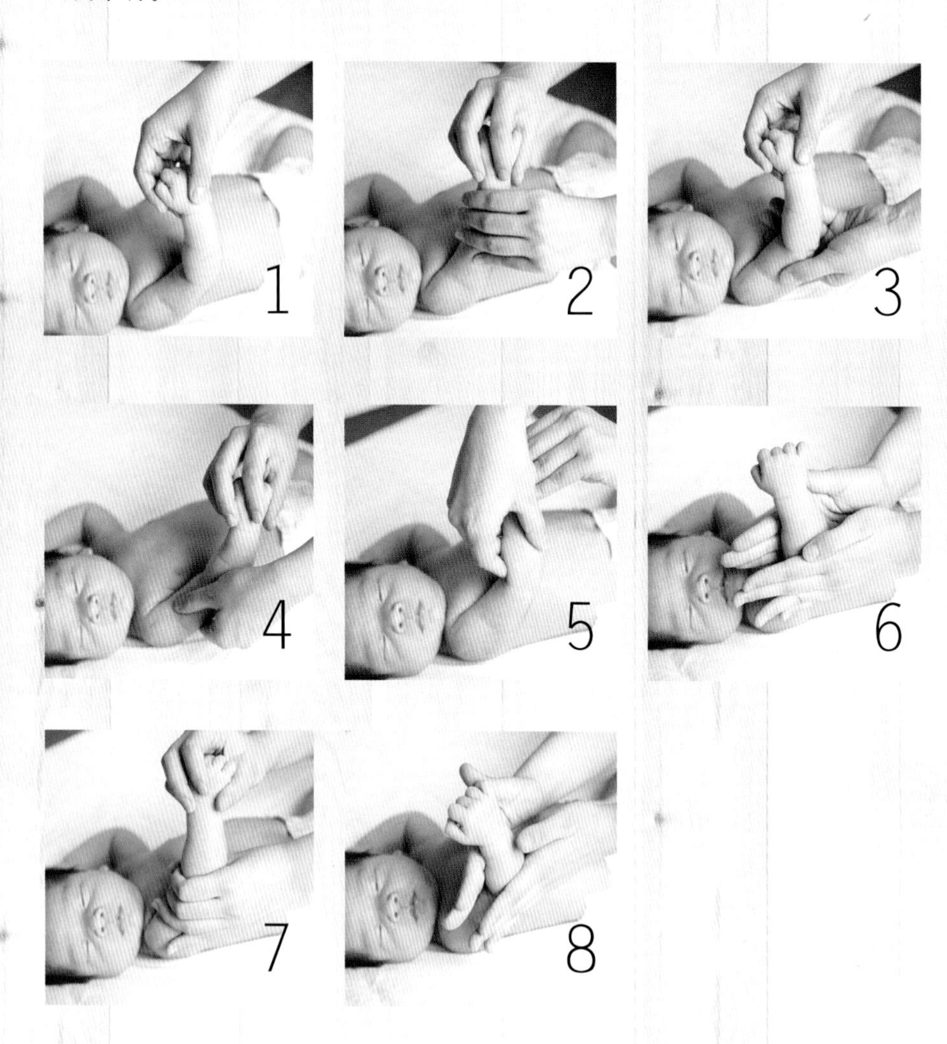

腹部

腹部抚触可以刺激肠道蠕动，有助于增加宝宝食量，促进消化吸收和排泄，加快体重增长。

左手固定宝宝的右侧髋骨，右手示指腹和中指腹沿升降结肠做“∩”形顺时针抚触，避开新生儿脐部。右手抚在髋关节处，用左手沿升降结肠做“∩”形抚触。右手抚在髋关节处，用左手沿升降结肠做“∩”形抚触。

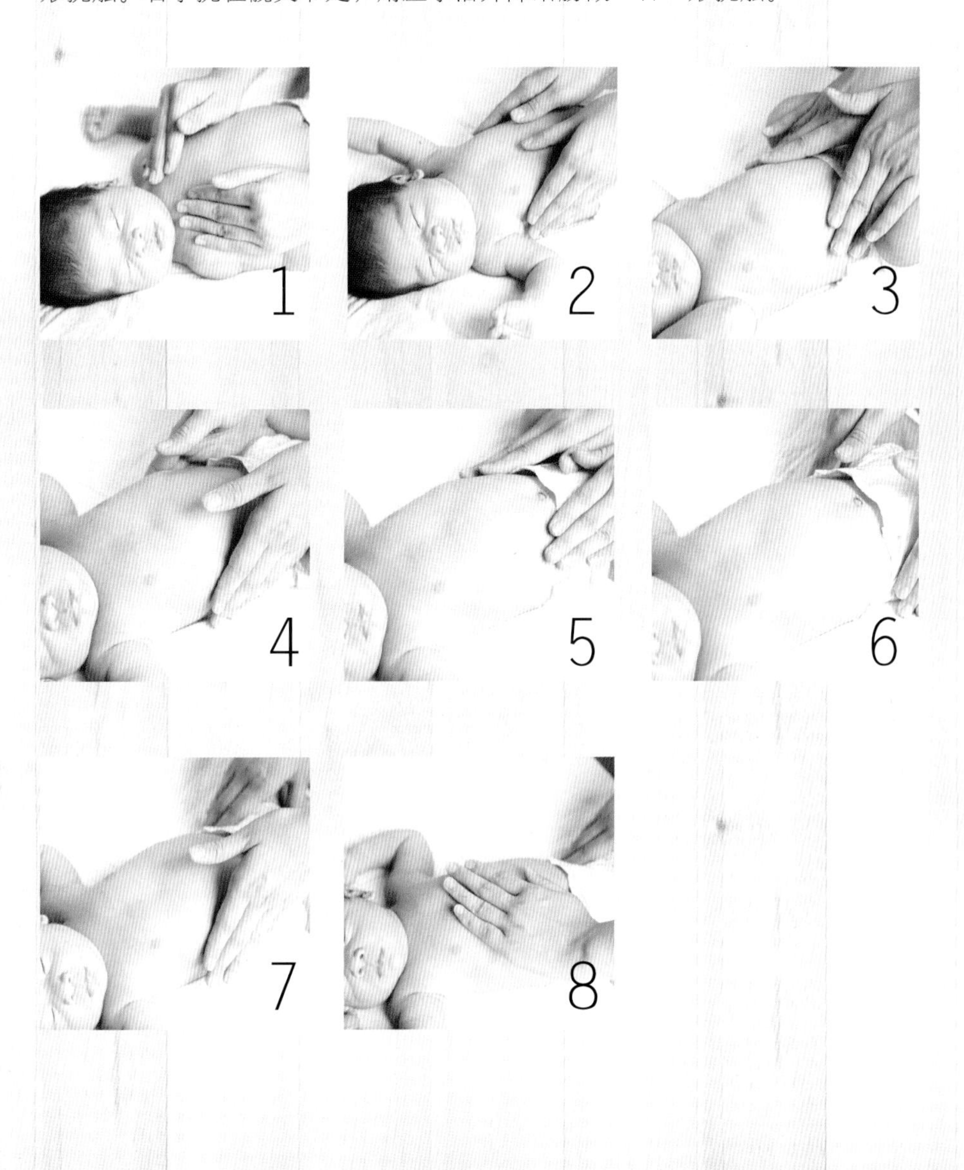

下肢

单手拎住宝宝的一只脚，领外一只手从大腿根部向脚腕处螺旋滑行为宝宝按摩。也可双手揉搓宝宝的腿部，注意力度不要过大。

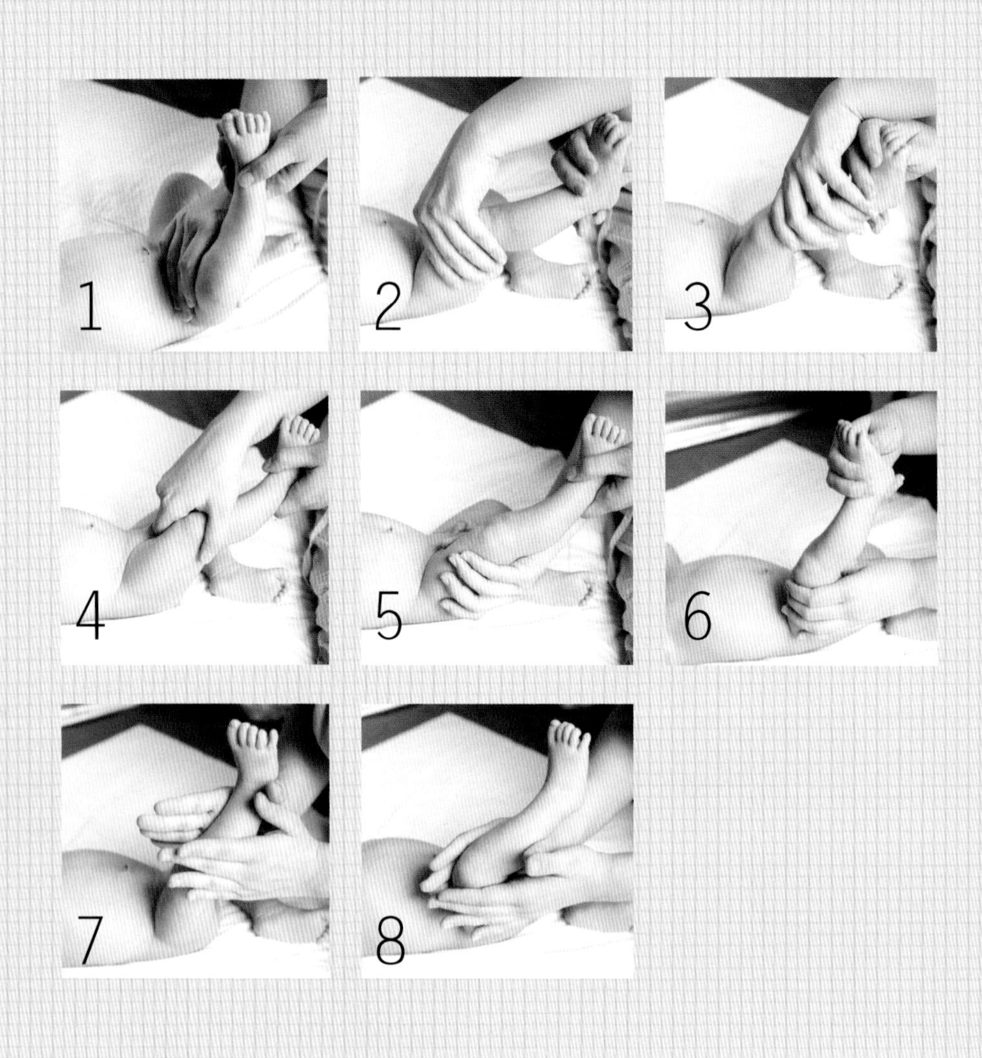

背部

妈妈先用双手以揉搓的方法帮助宝宝按摩背部。再用中指和示指从上至下依次按摩宝宝的背部。

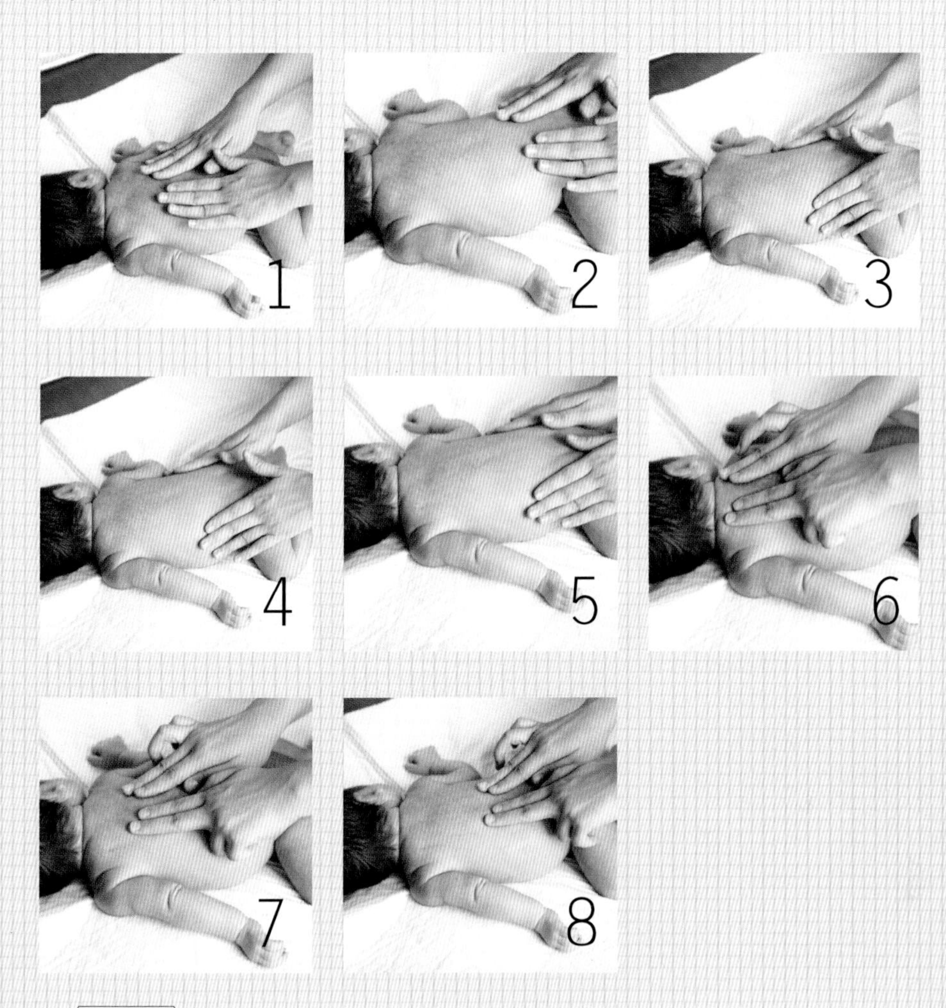

小贴士

{ 妈妈要与宝宝保持交流 }

在抚触过程中，要注意手法稳、准，始终保持一只手与宝宝的肌肤接触，妈妈应不断地与宝宝说话，与宝宝保持身体的接触和情感的交流。

diwujie

第五节

做宝宝最棒的家庭医生

新生儿肺炎

● 发病原因

这是一种出生后不久感染的肺炎。宝宝在出生后不久受到细菌、病毒的感染，或者是在产道内受到衣原体病毒感染以及被母乳、食物呛到都可能引发本病。

● 症状表现

宝宝脸色差、呼吸急促并且有呼呼的声音。出现发热、咳嗽、没有精神、食欲缺乏的情况时，应立即去医院就诊。

● 治疗护理

以使用抗生素类药物为主进行治疗。如果感染的是细菌或者Chlamy-dia病毒，可以使用抗生素类药物进行治疗。如果是被母乳或者食物呛到导致感染，可以向气管内插入一只管子将食物吸出。为预防二次感染可以使用一些抗生素类药物。

新生儿黄疸

● 发病原因

这是一种血液中因血细胞破坏而引发的疾病。宝宝在适应母体以外的环境时出现的一种暂时性黄疸，程度可能因人而异，但是大部分的宝宝都会有这种现象。

黄疸是血液中的红细胞遭到破坏时胆红素增加而引起的一种现象。由于子宫内外的红细胞种类不同，刚出生后的宝宝体内的红细胞不断被破坏，被新产生的红细胞所代替。胆红素一般被肝脏分解然后排出体外，刚出生的宝宝肝脏功能还未完全成熟，因此还不能正常分解排泄胆红素，胆红素就会沾在皮肤、黏膜上形成黄疸。

● 症状表现

出生后2～3日皮肤、眼白部开始变黄，4～5日达到高峰，然后开始慢慢消失，一般情况下如果只出现黄疸，不用特别担心。

吃母乳的宝宝受到母乳中含有的雌性激素影响，黄疸症状表现会拖延时间比较长，这种症状表现被称为母乳性黄疸。母乳性黄疸的症状表现为皮肤、粪便呈黄色，持续时间在1～2个月会自然恢复正常。

● 治疗护理

大部分的新生儿黄疸都会自然痊愈，但是有的个别情况也需要多加注意。

新生儿黄疸是一种正常的自然生理现象，大部分都会自然痊愈。如果是母乳性黄疸，没有其他异常的症状表现的话也无需换乳治疗。

不过，如果宝宝在出生后24小时内出现黄疸症状表现并且现象严重，血液检查的总胆红素值偏高，眼白部的黄色逐渐严重，很可能是溶血性疾病或者血液类型不匹配，需要立即就医。

尿布疹

● 发病原因

粪便、尿液里等某种成分刺激皮肤而引起的炎症。垫尿布的部位受到粪便、尿液等的刺激而发炎，起一粒一粒的疹子，呈红色并有溃烂现象。

● 症状表现

垫尿布的部位发炎而呈红色。炎症有时会遍布整个臀部，有时候会出现在肛门周围、腰部、大腿根部。

症状严重时会有皮肤剥脱的现象症状，表现严重时可见到起水疱、皮肤剥脱并有刺痛感。宝宝在排尿、洗澡时都会因疼痛而哭泣。

● 治疗护理

如果溃烂严重、皮肤有剥落象应前往医院就诊。医生一般会给患者开一些抑制炎症发展的非类固醇药物，如果症状表现严重可能会开类固醇类药剂。涂药时要保持皮肤清洁。

如果宝宝患了尿布疹，家长一定要注意保持宝宝臀部的清洁，勤换尿布，在宝宝每次排便、排尿后可以坐浴或者淋浴将臀部清洗干净，然后擦干。每次清洗后可以给宝宝涂抹凡士林，这样可以避免粪便、尿液直接接触刺激皮肤。

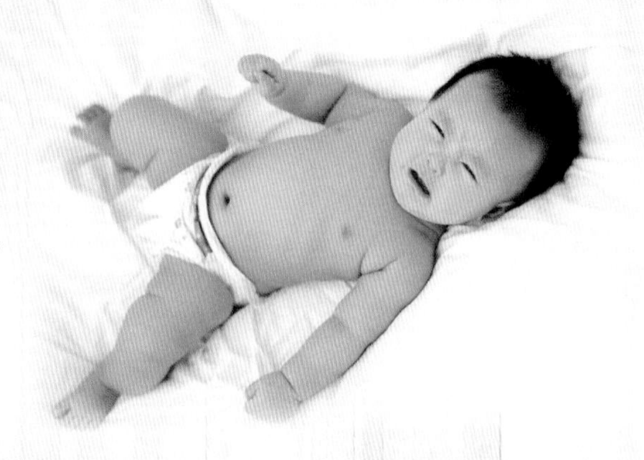

眼部分泌物

● 发病原因

宝宝经常会出现眼部有分泌物的情况，这是因为和成人相比，宝宝的鼻泪管比较细，眼泪不能很顺畅地流出，造成宝宝夜间睡觉时流出的眼泪结块形成眼部分泌物。因此，呈偏白色的眼部分泌物是正常的生理现象，无需担心。

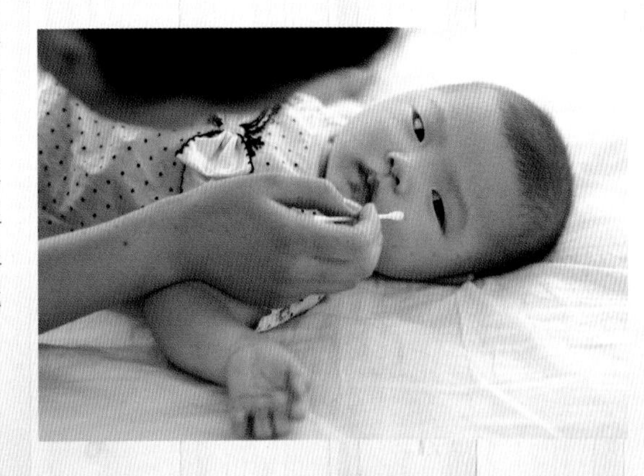

● 症状表现

眼部分泌物呈白色，且只有清晨有，很容易擦拭干净。但是严重时会有眼部充血，眼睑水肿并有发热、发疹、眼部出现大量黄色分泌物等症状，要立即就医。

● 治疗护理

按照医生处方使用眼药：给宝宝滴眼药的次数、间隔时间等都要按照医生处方进行。宝宝仰卧时在距离眼睛2～3厘米的高度处向下滴。如宝宝闭眼可轻轻将下眼睑拉开。

让宝宝的手也保持清洁：宝宝常常会用手揉眼睛，这样很容易把手上的细菌带到眼睛里，因此一定要养成经常给宝宝洗手的习惯，或者用湿毛巾经常给宝宝擦手。

宝宝觉得痒时可以用湿毛巾冷敷：宝宝如果感觉到眼睛痒不应用手揉，这很容易使症状恶化。妈妈可以用拧干的湿毛巾敷在宝宝的眼睛上，这样能起到止痒的作用。

从内眼角向外眼角擦拭：可用温水浸湿干净的纱布缠绕在手指上，或折叠成三角形给宝宝轻轻地擦拭。注意一定要从内眼角向外眼角方向擦拭。

剪短宝宝的指甲：宝宝的指甲太长，很容易在揉眼睛时划伤眼睛，因此要经常给宝宝剪指甲。对于月龄比较小的宝宝，可以戴上小手套。

婴儿湿疹

● 发病原因

出生后不久出现的湿疹。

出生后到1岁左右的宝宝患有的湿疹被称为婴儿湿疹。这种疾病的发病原因现在还不是十分清楚，特别是特应性皮炎、接触性皮炎、汗疹等疾病在宝宝小的时候很难区分确诊，因此统称为婴儿湿疹。

皮肤表面分泌的皮脂有保护皮肤的作用，刚出生的宝宝受到从母体继承的性激素的影响，皮脂分泌过剩很容易形成湿疹。过了2～3个月随着皮脂分泌渐渐减少，又比较容易形成由于干燥引起的湿疹。很多宝宝都曾经患过婴儿湿疹。

● 症状表现

在脸颊、口的四周、两颚、头部都有红色湿疹出现，有时湿疹会溃烂并伴有瘙痒感。在婴儿湿疹中，常常会有脓状物的小水疱出现。

● 治疗护理

如果做好皮肤清洁工作，差不多3～4周就可以痊愈。每日洗澡时用宝宝专用肥皂，特别要注意清洗额头、发根，这些部位皮脂腺比较发达，皮脂分泌较多，还要注意清洗容易沾到牛奶、口水的口部周围和脸颊。可以将肥皂泡沫涂在脸颊、额头，用手轻轻擦，然后用水反复冲洗，还可以用温水将纱布浸湿涂上肥皂擦洗。

家长还要注意把宝宝的指甲剪短，以防止瘙痒的时候宝宝自己抓破皮肤，或者给宝宝戴上手套。

如果这种情况还是持续，引起宝宝哭闹、情绪低落，应带宝宝前往医院就诊。

diliujie

第六节

我家的宝宝最聪明

刺激宝宝的大脑发育

想要挖掘宝宝的潜能，首先要了解大脑的发育过程，大脑是人体的司令部，它决定了一切。想要培育一个聪明的宝宝，首先要为他打造一个发达的大脑。宝宝大脑发育一般分为两个阶段。

从怀孕到宝宝出生的这一个阶段称为大脑增长数量的阶段。在此期间大脑细胞的数量就已经发育好了，有100～180亿个脑细胞，已接近成人。而在母亲尚未发现怀孕时，胚胎的大脑已悄悄发育了，到孕期第5周，细胞大量分裂，形成大脑半球且迅速增大、生长。到第33周时，大脑的神经中枢基本形成，并和周身相连。

宝宝出生以后，大脑质量迅速增长，同时神经细胞连接的突触开始形成；宝宝3个月的时候突触数量达到高峰；6个月时DNA含量停止增加；到12个月，少突神经胶质细胞达到成人的70%；3岁的时候小脑发育基本成熟；3～4岁神经髓鞘化基本完成。

宝宝接受到的刺激直接影响大脑突触的形成，反复的刺激更加强了突触的形成，并使突触变得持久；反之，这些刚形成的神经细胞会因为没有刺激而逐渐消失。大脑神经细胞的数量的增多或减少有25%关系到外界环境的刺激；你给宝宝尽量多的刺激经验意味着更多的突触可以建起，从而在未来提高学习能力；栩栩如生的视觉形象刺激能够产生有利的发展，包括提高好奇心和专注力。

小贴士

刺激大脑有助智力提升

宝宝出生后的第一年是大脑发育非常重要和关键的时期。这种大脑快速成长的阶段在人一生中只有一次，虽然短暂但却是刺激宝宝的大脑发育绝好的机会。刺激宝宝大脑发育的方法很多，例如语言、表情、抚摸、音乐等等。

父母要与新生儿多交流

很多第一次当妈妈的女性感觉整日对着新生儿咿咿呀呀说着一些谁也听不懂的话很好笑，但实际上这样的语言交流对婴儿非常有好处，婴儿很需要与母亲进行类似的沟通来促进他们语言能力的发育，以及与母亲建立更密切的关系。

父母用饱含情感的声音与婴儿交流可以让婴儿的大脑变得更活跃，哪怕婴儿在睡觉时母亲也可以对他们呀呀说话，因为这时婴儿的大脑仍然可以对呀呀声作出反应。

父母应该知道，与新生儿讲话时，新生儿的确是在倾听，他们虽然只能听到父母的声音，而不知道父母到底在讲些什么，但通过父母的语调会感知到父母的爱意。母亲可在宝宝睡觉时给他朗读故事，一遍又一遍，不断重复。

父母也可以通过抚摸与宝宝交流，刚出生的宝宝触觉能力开始发育，通过抚摸宝宝，促使他对父母产生信任感。

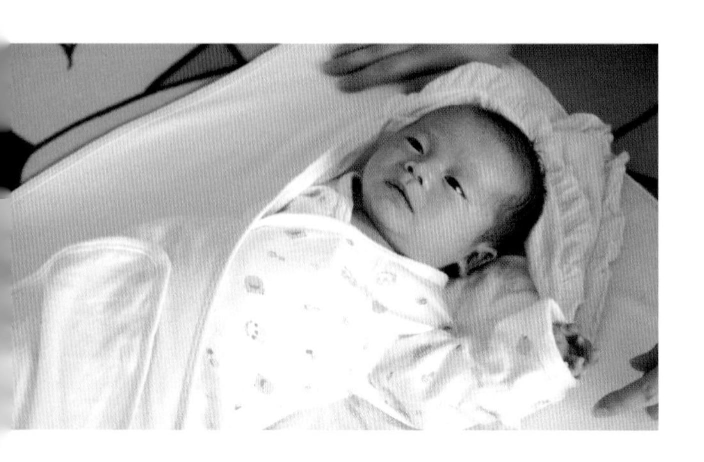

宝宝喜欢倾听世界

新生儿能够区分声音的频率和高低，能够分辨不同声音，甚至还能够感觉声音和音乐的节奏，因此来自外界环境的声音对新生儿的听觉系统发育很有好处。适当的听觉刺激还会促进新生儿在情感上与人的沟通及语言方面的发展，并培养新生儿乐于积极地接受外界事物的态度。由于新生宝宝的感官系统还没有完全建立，父母就是宝宝与复杂的外界环境之间的重要桥梁，父母要借助各种材料帮助宝宝听到大千世界的声音，搭建“智慧大厦”的基础。

父母可以给宝宝提供一些舒适的音乐，刺激宝宝的听觉，如妈妈在哄宝宝吃奶时，或者怀抱宝宝哄他高兴时，或者宝宝躺在床上睁大眼睛看时，都可播放一段旋律优美、舒缓的乐曲，可以选胎教时播放的音乐。

摇铃铛也是一种很好的听觉刺激，在宝宝头部上方挂一个铃铛，在他头部两侧摇铃铛，节奏要快慢适中，音量也要大小适宜，观察他对铃声的反应，这样的方法可以检验听力，发展听觉。

总之，父母从宝宝出生之后，要通过各种方法，经常反复地给宝宝提供听觉刺激，同时也要观察宝宝听到声音之后的各种反应，如果宝宝呈现出安静的状态，可持续进行，并且依着宝宝的动作去调节某些音调和节奏；如果宝宝表现出焦躁、不耐烦或哭泣时则应该立即停止。

第二章

宝宝2个月啦，已经会熟练地吸奶了

diyijie
第一节

这样看宝宝的生长发育指标

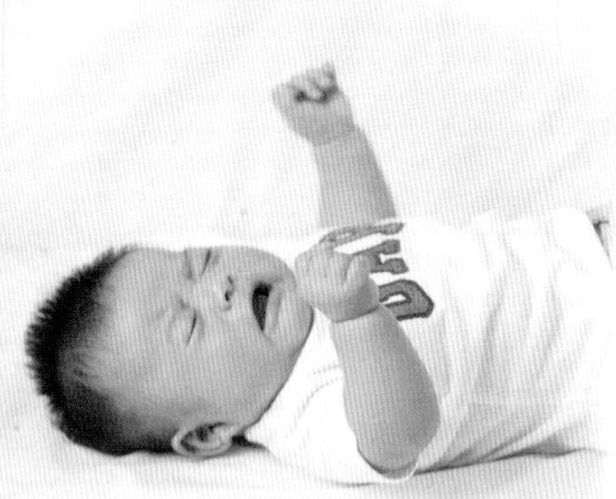

宝宝的发育指标

2个月	男宝宝	女宝宝	2个月	男宝宝	女宝宝
体重	约6.1千克	约5.7千克	坐高	约37.9厘米	约37.4厘米
身长	约60.4厘米	约59.2厘米	囟门	1.5～2.0厘米，一般不超过2.5厘米	
头围	约39.6厘米	约38.6厘米	皮下脂肪	较刚出生时要厚，超过1厘米	

宝宝的发育特点

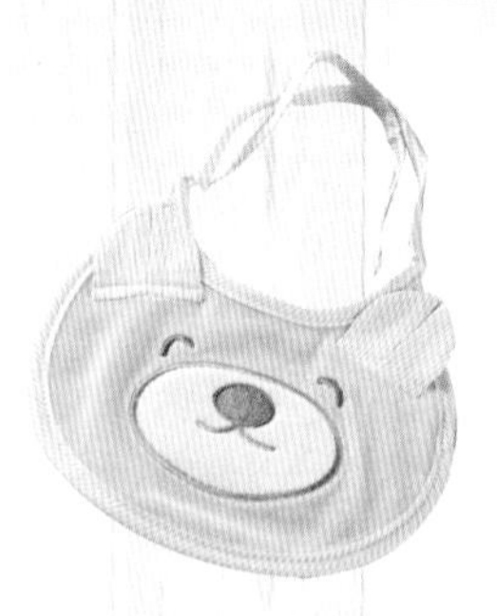

1. 所有的回答都用哭来表达。
2. 会露出没有任何含义的微笑。
3. 能发出“u”“a”“e”的声音。
4. 可以张开手，有意识地抓住东西。
5. 宝宝的后背仍很软，但略有一点力气了。
6. 宝宝会回应妈妈的微笑。
7. 宝宝的眼球能追视移动的玩具。
8. 俯卧时，宝宝头开始向上抬起，使下颌能逐渐高于躯体5～7厘米。
9. 用玩具碰手掌时，宝宝能握住2～3秒钟不松手。

新妈妈催乳食谱

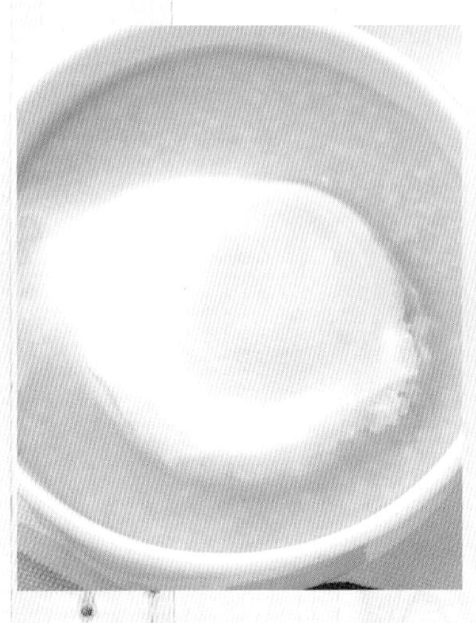

小米鸡蛋粥

[材料]

小米100克，鸡蛋2个，红糖100克，水适量。

[制作]

1 先将小米清洗干净。

2 将锅置火上，放入适量水、小米，先用旺火煮沸后，再改用文火熬煮至粥浓，打入鸡蛋，略煮即成，以红糖调味后进食即可。

黄豆炖排骨

[材料]

黄豆100克，排骨500克，盐适量。

[制作]

1 把黄豆和排骨洗干净。

2 坐锅点火，锅内加入水，放入排骨和黄豆，先大火烧开再文火煨20分钟，最后放盐调味即可食用。

牡蛎粥

[材料]

糯米30克，牡蛎肉50克，猪肉50克，料酒、盐、蒜末、葱末、胡椒粉各适量。

[制作]

1 糯米淘洗干净备用，牡蛎肉清洗干净，猪肉切成细丝。

2 糯米下锅，加清水烧开，待米稍煮至开花时，加入猪肉丝、牡蛎肉、料酒、盐一同煮成粥，然后加入蒜末、葱末、胡椒粉调匀，即可食用。

丝瓜蛋汤

[材料]

丝瓜250克，鹌鹑蛋10个，高汤适量，植物油、香油、盐、鸡精各少许。

[制作]

1 将丝瓜去皮和蒂，洗净切块；鹌鹑蛋磕到碗中，搅打均匀。

2 锅中加植物油烧至七成热时，放入丝瓜块翻炒数下，加入高汤、盐和鸡精，用大火烧开，再淋入鹌鹑蛋液，最后淋入香油即可。

茄汁炖双菌

[材料]

口蘑500克，杏鲍菇1根，盐、料酒、香油各1/2小匙，番茄酱50克。

[制作]

1 将口蘑、杏鲍菇分别洗净，切成厚度相仿的片，用沸水焯一下，捞出冲凉。

2 炒锅烧热，加香油，下入番茄酱炒至浓稠，再放入口蘑片、杏鲍菇片，加入盐、料酒及适量清水，大火烧沸后转小火炖熟，即可食用。

青瓜炒虾仁

[材料]

黄瓜250克，腰果50克，虾仁150克，胡萝卜1根，葱花适量，盐1小匙，植物油1大匙。

[制作]

1 黄瓜洗净，去皮，切成片。胡萝卜洗净，切成同黄瓜片大小相仿的片。虾仁用沸水焯一下，捞出控水。

2 炒锅烧热，加植物油，六成热时将腰果下入锅中炸熟，捞出沥油。

3 锅中油升温至八成热时，放葱花爆香，倒入黄瓜片、胡萝卜片、腰果、虾仁翻炒均匀，最后加盐调味即可食用。

鲫鱼炖豆腐

[材料]

新鲜鲫鱼1条，豆腐1块，料酒、盐各1小匙，姜片、蒜末各适量，胡椒粉少许，植物油1大匙。

[制作]

1 鲫鱼去鳞、腮及内脏，用清水冲洗干净，豆腐切成小方块，在沸水中焯一下，捞出放凉。

2 炒锅烧热，加植物油，油温稍热时放入鲫鱼两面煎一下。

3 然后倒入料酒，加姜片和蒜末，添适量热水，大火烧5分钟，放入豆腐块、盐，继续煮至豆腐块浮上汤面，出锅前撒胡椒粉即可食用。

disanjie
第三节

最佳喂养方案

2个月宝宝的营养需求

2个月的宝宝生长发育迅速，大脑进入了第二个发育的高峰期。在这个阶段，仍要以母乳喂养为主，并且要开始补充维生素D。维生素D可以促进钙质的吸收。

如何喂养本月宝宝

在母乳充足的情况下，1~2个月的宝宝仍然应该坚持母乳喂养，妈妈也要注意饮食，保证母乳的质量。这个阶段的宝宝体重平均每天增加30克左右，身高每月增加2.5~3.0厘米。这个月的宝宝进食量开始增大，而且进食的时间也日趋固定。每天要吃6~7次奶，每次间隔3~4小时，夜里则间隔5~6小时。

2个月过后母乳的分泌会慢慢减少，宝宝的体重也会每天增加不足20克，并且有可能因为奶不够喝哭闹次数增加，此阶段可以每天补加一次奶。

夜间喂奶应注意喂养姿势

夜间乳母的哺喂姿势一般是侧身对着稍侧身的宝宝，妈妈的手臂可以搂着宝宝，但这样做会较累，手臂易酸麻，所以也可只是侧身，手臂不搂宝宝进行哺喂；可以在宝宝身体下面垫个大枕头，让宝宝的身体抬高，一扭头就能吃到母乳。或者可以让宝宝仰卧，妈妈用一侧手臂支撑自己俯在宝宝上部哺喂，但这样的姿势同样较累，而且如果妈妈不是很清醒时千万不要进行，以免在似睡非睡间压伤宝宝，甚至导致宝宝窒息。

妈妈奶水不够怎么办

如果妈妈的奶水不够宝宝吃，可以采取以下办法增加奶水：

● 保持乳母良好的情绪

分娩后的妈妈，在生理因素及环境因素的作用下，情绪波动较大，常常会出现情绪低迷的状态，这会制约母乳分泌。医学实验表明，妈妈在情绪低落的情况下，乳汁分泌会急剧减少。

● 补充营养

新妈妈应选择营养价值高的食物，如牛奶、鸡蛋、蔬菜、水果等。同时，多准备一点儿汤水，对新妈妈乳汁的分泌能起催化作用。

由于乳汁的80%都是水，所以妈妈一定要注意补充足够的水分。喝汤也不一定总是肉汤、鱼汤，否则会觉得太腻而影响胃口，适当喝一些清淡的蔬菜汤或米汤换换口味也很有利于下奶。

● 多吃催乳食物

在采取上述措施的基础上，再结合催乳食物，效果会更明显。如猪蹄、花生等食物，对乳汁的分泌有良好的促进作用。均衡饮食，是哺乳妈妈的重要饮食法则。

● 加强宝宝的吮吸

实验证明，宝宝吃奶后，妈妈血液中的催乳素会成倍增长。这是因为宝宝吮吸乳头，可促进妈妈脑下垂体分泌催乳激素，从而增加乳汁的分泌，所以让宝宝多吸吮乳头可以刺激妈妈泌乳。

小贴士

让宝宝轮流吃两侧乳房

第一个月的宝宝只吃空妈妈的一侧奶就够了，第二个月每顿要吃空两边的奶才满足。所以喂宝宝吃奶时，最好让宝宝轮流吃两侧乳房。

disijie

第四节

日常护理指南

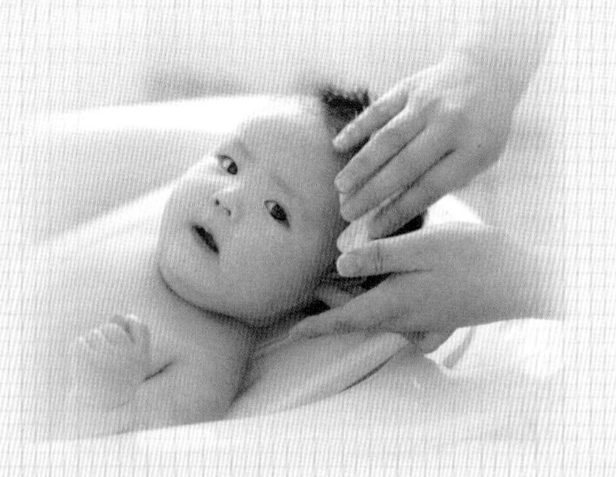

怎样让宝宝的头发更浓密

要想宝宝的头发生长浓密，充足的营养和睡眠少不了。营养方面，在注重多种营养物质搭配的同时，不要忘记补钙、铁、锌等元素。

充足的睡眠能为头发提供更多的血液供应，从而促进头发的健康生长。

给宝宝选择什么样的洗发液

给宝宝洗头时应选用温和、无刺激、易起泡的宝宝洗发液，pH值在5.5~6.5为佳。

在给宝宝选择洗发液时，无论选择哪个牌子的洗发液，洗发后切记一定要用温水把残留在头发和头皮上的洗发液冲洗干净，以免对皮肤造成刺激，损伤毛囊。

● 不要给宝宝剃满月头

根据专家的说法，满月剃胎发毫无科学依据。但若宝宝出生时头发浓密，并赶上炎热的夏季，为了预防湿疹，可以将宝宝的头发剃短，但不赞成剃光头，否则会使已经长了湿疹的头皮更易感染。

● 如何给宝宝洗头

给宝宝洗头时，水温保持在37℃～38℃为宜。洗头动作要轻，用指肚一点点地揉搓头皮，不要用手指甲使劲地抓挠。

宝宝的毛发略显酸性，出汗时酸性加强，给宝宝洗头应使用中性或弱碱性的洗发液、宝宝香皂或护发素。

要注意观察宝宝的排便需求

多数宝宝在大便时会出现腹部鼓劲、脸发红、发愣等现象。当出现这些现象时，可试着给宝宝把便。一般在宝宝睡醒及吃奶后应及时把便，但不要把得过勤，否则易造成尿频。并且，把尿时姿势要正确，应使宝宝的头和背部靠在大人身上，大人的身体不要挺直，而要稍往后仰，以便宝宝舒适地靠在大人身上。

把便时，给予宝宝其他的条件刺激，如“嘘嘘”声诱导把尿，“嗯嗯”声促使其大便。

这个月龄的宝宝，应密切观察大小便情况，以摸清宝宝大小便的规律，并通过大小便的性状来分析宝宝的健康状况。

● 正常的大便

纯母乳喂养的宝宝大便为金黄色、稀糊状的软便；配方奶喂养的宝宝大便呈浅黄色。有时宝宝放屁带出点儿大便污染了肛门周围，偶尔也有大便中夹杂少量奶瓣，颜色发绿，这些都是偶然现象，只要宝宝精神佳，吃奶香，就没有问题。

● 不正常的大便

如水样便、蛋花样便、脓血便、白色便、柏油便等，则表示宝宝生病了，应及时找医生诊治。

● 不正常的小便

小便时哭闹，小便色黄、色浊，小便带血等等，当发现宝宝的小便出现异常时，请及时求助于医生，分析原因后合理护理。

如何判断宝宝的穿衣量

宝宝的衣服穿得多还是少，不能只以宝宝手脚的冷热来判定。平常判断宝宝的穿衣够不够，父母最好伸手指到宝宝的后颈部，如果是潮热，或冰凉但有汗，就是热了，要减衣；如果是凉的无汗，就是冷了，要加衣；如果是干爽温暖，那就是正好。了解了这个判断方法，新妈妈就可以更加得心应手地做好宝宝的穿衣护理了。

宝宝的保暖护理

在冬季、深秋或早春，由于北方家庭有暖气，一般在室内的时候完全不必担心宝宝会冷。相反，不要因为怕宝宝冷就给宝宝多穿，这样会造成热性湿疹的。给宝宝穿一身全棉内衣裤配小袜子，外加一件薄薄的小外衣就足够了。南方地区的小宝宝，由于室内没有暖气，可以通过空调、电暖气等方式提高室内温度，或者用热水袋给宝宝保暖。

宝宝的睡眠护理

2个月的宝宝，生活主要内容还是吃了睡、睡了吃，每天平均要吃6～8次，每次间隔时间在2.5～3.5小时；相对来说，睡眠时间较多，一般每天要睡18～20个小时。

小贴士

宝宝夜间如何保暖

如果室内温度过低，可以用热水袋给宝宝取暖。热水袋水温不宜过高，一般50℃左右即可。并且要在热水袋外面包一层干毛巾，置于宝宝包被外面，不要将热水袋直接贴在宝宝皮肤上，否则很容易发生皮肤烫伤。

diwujie

第五节

做宝宝最棒的家庭医生

需要接种疫苗

宝宝出生后24小时之内注射乙肝疫苗第一针；出生后1个月注射乙肝疫苗第二针；在出生后2个月口服宝宝麻痹糖丸疫苗，又叫脊髓灰质混合疫苗，该疫苗为糖丸，2个月的宝宝首次口服，每月1次，连续服3个月。

宝宝夜啼是怎么回事

宝宝夜哭的原因很多，除了没有喂饱外，在生活上护理不妥也可导致宝宝夜哭。例如，尿布湿了；室内空气太闷，衣服穿得过多，热后出汗湿衣服裹得太紧；被子盖得太少使宝宝感到太凉；有时宝宝口渴了也要哭；有时白天睡得太多，晚上不肯睡觉便要吵闹。当然，宝宝生病或因未及时换尿布造成臀部发炎，宝宝疼痛，更会哭吵得厉害。切勿每当宝宝哭就以为是肚子饿了，就用吃奶的办法来解决，这样极易造成消化不良。

防止宝宝夜啼，临睡前要把室温、被温、体温调节适当，这是解决夜啼的好办法。

宝宝感冒了怎么办

这时期的宝宝感冒多是由于受凉引起的。所以，父母平时应该多观察，随时留意宝宝是否受凉、过热。如果宝宝的手是凉的，就说明是受寒，应及时添加一些衣物；如果加了衣物之后，小手仍然不暖，就要采取以下措施：

● 按摩

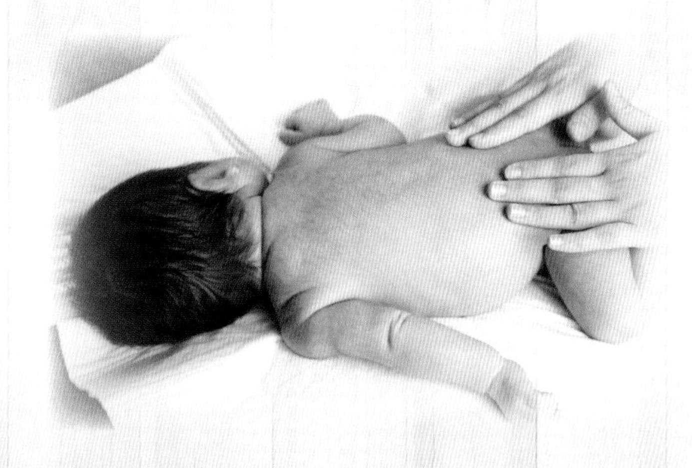

在宝宝的背部上下来回搓动，可以隔着衣服进行。把宝宝的背部搓热，这样可以起到预防感冒的作用。

● 缓解鼻塞

一般的宝宝感冒之后都会有鼻塞现象，这时妈妈可以用手搓搓他的小耳朵，直到发红为止，以缓解鼻塞。

宝宝鼻子不通气怎么办

由于新生儿鼻腔短小，鼻道窄，血管丰富，与成年人相比更容易导致发生炎症，导致宝宝呼吸费力、不好好吃奶、情绪烦躁、哭闹。所以保持宝宝呼吸道通畅，就显得更为重要。

宝宝鼻子不通气的处理方法	
1	用乳汁点一滴在宝宝鼻腔中，待鼻垢软化后，用海盐水等刺激鼻腔使宝宝打喷嚏，利于分泌物的排出
2	用棉签蘸少量水，轻轻插入宝宝鼻腔清除分泌物。注意动作一定要轻柔，切勿用力过猛损伤黏膜，造成鼻出血
3	对没有分泌物的鼻堵塞，可以采用湿毛巾敷于鼻根部的办法，也能起到一定的通气作用

diliujie
第六节

我家的宝宝最聪明

让宝宝养成良好的观察习惯

刚出生的宝宝对人脸有着浓厚的兴趣，在他清醒的时候，不管谁的脸凑近他，他都会好奇地看着这张脸。当妈妈的脸靠近宝宝时，他会显出高兴的表情。而且我们也经常会发现，宝宝正盯着某个东西“发呆”。

这些都说明宝宝有一定的观察能力。但是好多宝宝随着逐渐长大，观察习惯也慢慢淡化，主要原因就是父母错误的教养方式限制了他们这种观察的热情，或者没有对宝宝的观察习惯进行科学的引导。

教宝宝观察事物，不仅是让他用眼睛看，而且还要引导他通过各种感觉器官，如耳、鼻、舌和皮肤等全面地认识事物。通过长期的引导，宝宝的观察习惯也会永久保持下去，为其在将来的学习过程中养成仔细观察的习惯打好基础。

手指锻炼开发宝宝的智力

大脑有许多细胞专门处理手指、手心、手背、腕关节的感觉和运动信息。所以手的动作，特别是手指的动作，能在大脑皮层建立更多的神经联系，从而使大脑变得更聪明。因此，训练宝宝动手的技能，对于开发智力十分重要。

宝宝出生1个月内，手都是紧紧握着的。这时父母可以用指尖触摸宝宝的手掌，或者把手指伸进宝宝的手掌，宝宝的手会紧紧抓住你的手，握得很紧。

2个月时宝宝的手掌开始松开，手掌自然弯曲，而且有了“出拳”的动作，妈妈可帮宝宝打开他的小拳头，让手指头伸展开来。洗澡的时候要给宝宝洗洗小手，用手指肚在宝宝小手心里轻轻地来回转动，边清洗边按摩。喂奶的时候把宝宝搂在怀里，把手指伸进他的手心里，大手握小手，轻轻地摸一摸、缓缓地摇一摇，还可以让小手掌触摸妈妈的乳房和脸。

第三章

宝宝3个月啦，会自己翻身了

diyijie
第一节

这样看宝宝的生长发育指标

宝宝的发育指标

3个月	男宝宝	女宝宝	3个月	男宝宝	女宝宝
体重	约6.03千克	约5.48千克	头围	约39.84厘米	约38.67厘米
身长	约60.30厘米	约58.99厘米	坐高	约40.00厘米	约39.05厘米

宝宝的发育特点

1. 拉住宝宝的双手就能将他的身体拉起，不需要任何帮助，宝宝自己就能保持头部与身体呈一条直线。

2. 能趴着，并长时间地抬起头。可以把上肢略向前伸，抬起头部和肩部。

3. 用双手扶腋下让宝宝站立起来，然后松手，宝宝能在短时间内保持直立姿势，然后臀部和双膝弯下来。

4. 能用手指抓自己的身体、头发。

5. 能自己握住玩具。

6. 常常练习翻身动作。

7. 当宝宝高兴时，会出现呼吸急促、全身用劲等兴奋的表情。

8. 会向出声的方向转头。当妈妈讲话时，能微笑地对着妈妈，并发出叫声和快乐的咯咯声。

新妈妈催乳食谱

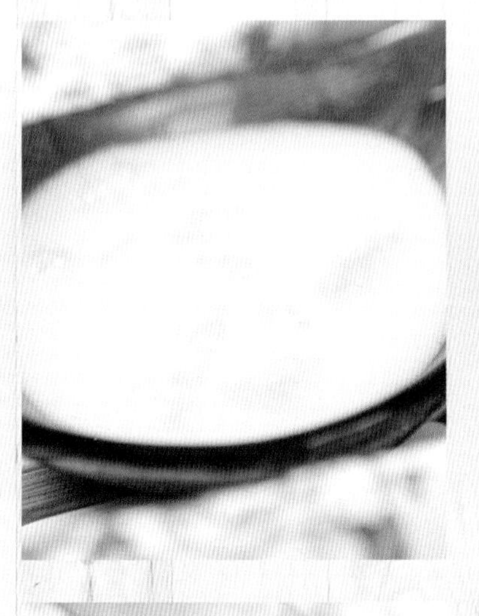

鲜奶姜汁炖蛋

[材料]

鲜奶1杯，蛋2枚，姜汁、糖各1汤匙。

[制作]

1 蛋打散后，加入糖打匀，冲入鲜奶拌匀，待用。

2 将上述材料滤去泡沫及杂质，加入姜汁轻手拌匀。

口蘑时蔬汤

[材料]

口蘑200克，胡萝卜、土豆各50克，西蓝花2朵，葱花适量，盐、酱油各1小匙，高汤2杯，植物油1大匙。

[制作]

1 将口蘑、土豆、胡萝卜去皮洗净，切片。西蓝花用淡盐水浸泡15分钟，用清水冲净，掰小朵。

2 炒锅烧热，加植物油，六成热时下入葱花爆香，再加入高汤、胡萝卜、土豆、西蓝花，用小火炖至熟烂，加入盐、酱油，煮至入味即可。

排骨蘑菇汤

[材料]

排骨500克，蘑菇100克，番茄100克，料酒、盐各适量。

[制作]

1 排骨用刀背拍松，加适量盐、料酒腌约15分钟；番茄、蘑菇洗净切片备用。

2 锅中加适量水，烧开后放入排骨，撇去浮沫，加入适量料酒，用小火煮约30分钟。

3 倒入蘑菇片再煮10分钟，放盐调味后，加入番茄片，煮沸即可食用。

菠菜鸡煲

[材料]

鸡半只，菠菜100克，冬菇4朵，葱、姜、冬笋、蚝油、酱油、白糖、盐、料酒、植物油各适量。

[制作]

1 鸡洗净，剁成小块；菠菜洗净，用沸水焯一下，切段；冬菇洗净，切成块；冬笋切成片。

2 锅中放油烧热后，用葱、姜爆香，加入鸡块、冬菇及蚝油翻炒片刻。

3 放料酒、盐、白糖、酱油及冬笋，不停翻炒，炒至鸡熟烂。

4 将菠菜放在沙锅中铺底，把炒熟的鸡块倒入即可。

清蒸鲈鱼

[材料]

鲈鱼1尾，猪肉丝50克，水发冬菇丝20克，猪油40克，姜丝15克，葱2根，鸡精、盐、香油、酱油、胡椒粉各少许，麻油适量。

[制作]

1 将鲈鱼宰好，除内脏，洗净；用盐、麻油、鸡精拌匀，浇入鲈鱼肚内；将葱切成丝放在碟底，葱丝上放鲈鱼。

2 再用猪肉丝、冬菇丝、姜丝和少许盐、酱油、胡椒粉搅匀，涂在鱼身上，隔水大火蒸10分钟，熟后取出原汁的一半，加生葱丝及胡椒粉放于鱼上，再烧滚猪油淋上，略加酱油即可。

鸡肉鲜汤烧小白菜

[材料]

鸡肉500克，小白菜250克，牛奶80毫升，植物油、葱花、料酒、鸡汤、盐、水淀粉各适量。

[制作]

1 将小白菜洗净去根，切成1厘米长的段，用沸水焯透，捞出用凉水过凉，沥干。

2 油锅烧热，下葱花，烹料酒，加入鸡汤和牛奶，放入鸡肉和盐。

3 大火烧沸后，加入小白菜，用水淀粉勾芡，盛入盘内即可。

disanjie
第三节

最佳喂养方案

这个时期宝宝需要的主要营养

3个月的宝宝由于生长迅速，活动量增加，消耗热量增多，需要的营养物质也开始增多。在这个月，要注意补充宝宝体内所需的维生素和无机盐。

怎样喂养本月的宝宝

本月的宝宝仍主张以母乳喂养。一般情况下食量小的宝宝只吃母乳就足够了。宝宝的体重如果每周增加150克以上，说明母乳喂养可以继续，不需添加任何代乳品。

这个阶段宝宝吃奶的次数是规律的，有的宝宝夜里不吃奶，1天喂5次；有的宝宝每隔4小时喂1次，夜里还要再吃1次。

混合喂养的宝宝仍主张每次先喂母乳，不够的部分用配方奶补足，每次喝奶量达到120～150毫升，一天喂5～6次。

乳腺增生如何治疗

哺乳期乳腺增生应参考产妇实际的情况，大多数人通过缓解精神压力，改善饮食习惯等都可以促进恢复，也不需要特殊治疗，对于比较严重的应该做详细的检查，在医生的指导下进行治疗。

宝宝吃配方奶大便干怎么办

大便干可能是宝宝还不适应这款奶粉，因为每种奶粉的配方是不同的，建议更换奶粉品牌。最好选水解蛋白的奶粉。

含低聚果糖的配方奶接近母乳，口味清淡，对宝宝肠胃刺激小，奶粉所含的益生元能帮助宝宝肠道益生菌的生长，宝宝喝后不胀气、不上火，排便顺畅。

小贴士

过敏体质宝宝喝什么奶粉

特别敏感的宝宝可以选择低敏奶粉，一般情况下父母可以给宝宝先尝试少量的普通奶粉来观察宝宝食用后的效果，如果宝宝对普通的奶粉不产生过敏现象，可以直接给宝宝喝普通的奶粉，既经济又营养全面。因为奶粉款式多，品牌也多，不是每个大众品牌都适合宝宝，如果多款试下来都不好，就可以尝试低敏奶粉。

disijie
第四节

日常护理指南

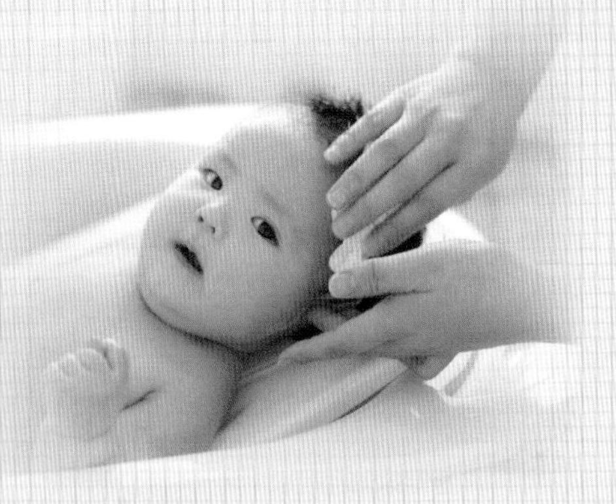

宝宝流口水的处理

一般的宝宝都会流口水，原因是由于唾液腺的发育和功能逐步完善，口水的分泌量逐渐增多，然而此时宝宝还不会将唾液咽到肚子里去，也不会像大人一样，必要时将口水吐掉。通常从3～4个月开始，宝宝就会出现流口水的现象。

由于宝宝的皮肤含水分比较多，如果一直有口水沾在下巴、脸部，又没有擦干，容易出湿疹，所以，建议家长尽量看到宝宝流口水就擦掉。但是不要用卫生纸一直擦，只需要轻轻用口水巾按干就可以，以免破皮。

脚的保暖很重要

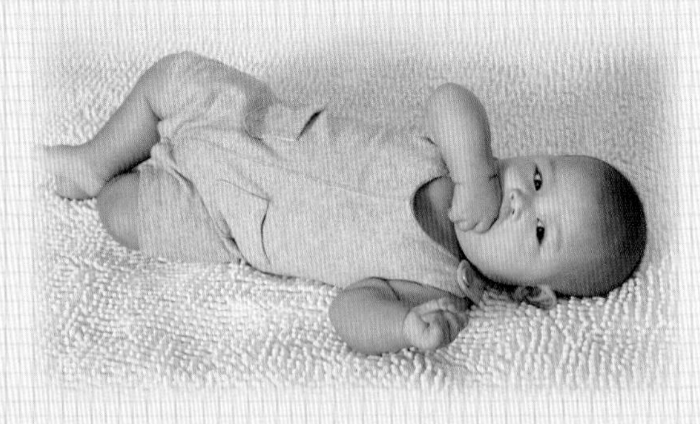

除了宝宝穿衣要合适外，宝宝的脚也要注意保暖，要保持宝宝袜子干爽，冬天应选用纯羊毛或纯棉质的袜子。

鞋子大小要合适，鞋子要稍稍宽松一些，质地为全棉，穿起来很柔软，这样鞋子里就会储留较多的静止空气而具有良好的保暖性。

鞋子过大或过小都不能让宝宝的脚舒适、暖和。可以经常摸摸宝宝的小脚，如果冰凉，除了添加衣物外，还要帮宝宝按摩脚底和脚趾，促进脚部血液循环。

宝宝衣物如何清洗

衣服对于宝宝来说，除了色泽、整洁以外，还特别要注重清洗的质量。

清洗宝宝衣服原则	
宝宝的衣服独洗	将宝宝的衣服与大人的衣服分开清洗，这样可以避免发生不必要的交叉感染
最好手洗	洗衣机里藏着许多细菌，宝宝的衣物经洗衣机一洗，会沾上许多细菌，这些细菌对大人来说没问题，但对宝宝可能就是大麻烦，如引起皮肤过敏或其他皮肤问题
选择婴幼儿专用的洗涤剂清洗	尽量选择婴幼儿专用的衣物清洗剂，或选用对皮肤刺激小的洗衣液，防止洗涤剂残留导致的皮肤损伤

洗衣服似乎很简单，其实若清洗方法不合理，或衣服上有残留的洗涤剂，都会刺激宝宝的皮肤。

宝宝衣物常见污渍的清洗	
尿液奶渍	冷水冲洗，再以一般洗衣程序处理。不要用热水，那会使蛋白附着在纤维上，不易清洗
果汁	新渍可用浓盐水擦拭污处，或及时将食盐撒在污处，用手轻搓，然后再用水浸湿放入洗涤剂洗净
汗渍	在有汗渍的衣服上喷上一些食醋，过一会儿再洗效果很好

diwujie

第五节

做宝宝最棒的家庭医生

宝宝脐疝的治疗与护理

● 宝宝的病症表现

不少宝宝在哭闹时，脐部就明显突出，这是由于宝宝的腹壁肌肉还没有很好地发育，脐环没有完全闭锁，如增加腹压，肠管就会从脐环突出，从而形成脐疝。

● 处理方法

如果宝宝患有脐疝，应注意尽量减少宝宝腹压增加的机会，不要让宝宝无休止地大哭大闹；有慢性咳嗽的宝宝要及时治疗；还可调整好宝宝的饮食，不要发生腹胀或便秘。

随着宝宝的长大，腹壁肌肉的发育坚固，脐环闭锁，直径小于1.5厘米的脐疝多于12个月以内便完全自愈，无需手术治疗。如果脐疝较大，在咨询医生后酌情处理。

宝宝脸色差怎么办

宝宝脸色苍白没有精神时，可以检查下眼睑内侧和嘴唇颜色，如果偏白则很可能是贫血。

脸色通红可能是发热或者穿着过多。另外，如果宝宝出生1个月以后脸色还呈黄色并且有嘴唇发绀、呕吐、发热、血便等现象，必须立即送往医院救治。

● 重视宝宝的脸色变化

宝宝的脸色如果比平时红，很可能是发热，可以先测一下体温，如果是因为剧烈哭泣而引起的脸红，只要等宝宝安静下来，红色会逐渐退去。

宝宝剧烈哭泣后脸色呈红色是正常的，但是如果脸色苍白则要引起注意。如果发现宝宝在哭泣时脸色苍白，全身有痉挛现象、嘴唇呈紫色发绀时则需要立即送往医院。

● 脸色异常时可能患的疾病

异常脸色	可能患的疾病	表现症状
突然变青、变白	肺炎	呼吸急促，精神萎靡，咳嗽、咳痰
	肠套叠	剧烈哭闹，断续剧烈地恶心，呕吐并有血便出现
	颅内出血	头部受到打击后，意识丧失，呕吐
脸色呈青色、白色	疱疹性口腔炎	发热，口腔内有小疱疹，宝宝拒乳、烦躁、流涎
	室间隔缺损	母乳饮食量下降，体重降低，口唇、鼻周部皮肤发青
	感冒综合征	发热、咳嗽伴有流鼻涕
脸色发红	麻疹	高热，全身有发疹现象
	川崎病	高热，全身发疹，手足红肿，舌头有红色粒状物
皮肤金黄色	新生儿黄疸	眼白呈黄色，没有精神，粪便色黄
	胆道闭锁症	粪便呈陶土样，肝脏肿大

我家的宝宝最聪明

如何利用颜色影响宝宝的智力

宝宝的视觉似乎特别钟情于颜色，当他一降临这个世界，就对色彩怀有浓烈的兴趣。在3~4个月时，宝宝就有了对色彩的感受力。如果父母抓住教育机会，充分利用色彩刺激宝宝视觉和大脑发育，对他以后的智力发展有很大帮助。

父母可在宝宝的床上方挂满各色大气球、纸花等，并不时摆动；在宝宝床周围的墙壁上也可以挂一些东西，或贴一些彩色图画等，这样宝宝一睁开眼睛，便能有一个彩色环境的熏陶。但不要让宝宝长时间盯着一件东西，否则可能导致他们目光呆滞，甚至形成斜眼病。

宝宝稍大时，可换一些小点的东西，如色彩艳丽的小绒球、挂铃、珠子等。在这种有意无意地色彩刺激中，宝宝迈出了逐渐认识颜色的第一步。

如何教宝宝指认事物

3个月大的宝宝不会说话，但宝宝对事物有一定的接受和认识能力，父母要根据宝宝认识事物的特点潜移默化地训练，要循序渐进，不能急于求成。

通过“对牛弹琴”式的方法教宝宝认识事物。宝宝在会说话之前，就有一定的理解和感悟能力，父母不能认为宝宝不会说就不懂，比如拿一个苹果在宝宝眼前，一遍遍告诉宝宝，“这是苹果”，反复多次，虽然宝宝看似没有反应，但苹果的印象和名字慢慢会留在宝宝记忆中。

利用玩具让宝宝认识事物。宝宝一般比较喜欢各种色彩鲜艳、能发出响声、形象生动逼真的玩具，如各种形象的小动物、娃娃、各种交通工具、日常生活用品等。利用各种形象玩具，让宝宝认识事物，在宝宝玩小动物玩具时，可以告诉他小动物的名称，逗引婴儿模仿小动物的叫声，如“汪汪”“喵喵”。

第四章

宝宝4个月啦，依然喜欢被抱着

diyijie
第一节

这样看宝宝的生长发育指标

宝宝的发育指标

4个月	男宝宝	女宝宝	4个月	男宝宝	女宝宝
体重	约6.93千克	约6.24千克	头围	约41.25厘米	约39.90厘米
身长	约63.35厘米	约61.53厘米	坐高	约41.69厘米	约40.44厘米

宝宝的发育特点

1. 平卧时，宝宝会做抬腿动作。
2. 宝宝会出现被动翻身的倾向。
3. 扶宝宝坐起，他的头基本稳定，偶尔会有晃动。
4. 在喂奶时间，他会高兴得手舞足蹈。
5. 当有人逗他玩时，他爱咯咯大笑。
6. 他喜欢别人把他抱起来，这样，他能看到四周的环境。
7. 周围有声响，他会立即转动他的脑袋，寻找声源。
8. 宝宝可能会同时抬起胸和腿，双手伸开，呈游泳状。
9. 咿呀作语的声调变长。
10. 将宝宝放在围栏床的角落，用枕头或被子支撑着，宝宝能坐直10～15分钟。

dierjie
第二节

最佳喂养方案

怎样喂养本月的宝宝

4个月的宝宝仍主张用母乳喂养，6个月以内的宝宝，主要食物都应该以母乳或配方奶粉为主，其他食物只能作为一种补充食物。喂养宝宝要有耐心，不要喂得太急、太快，不同的宝宝食量有所不同，食量小的宝宝一天仅能吃500～600毫升配方奶，食量大的宝宝一天可以吃1000毫升左右。

如何给宝宝喝水

● 什么时候要给宝宝喂水

若是宝宝不断用舌头舔嘴唇，或看到宝宝口唇发干时，或应换尿布时没有尿等，都提示宝宝需要喝水了。

3个月内的宝宝每次饮水不应超过100毫升，3个月以上可增至150毫升。只要小便正常，根据实际情况让宝宝少量多次饮水。出汗时应增加饮水次数，而不是增加每次饮水量。

● 宝宝喝水不要放糖

不要以自己的感觉给宝宝冲糖水，平时也不要喂宝宝过甜的水。因为宝宝的味觉要比大人灵敏得多，当大人觉得甜时，宝宝就会觉得甜得过度了。

用高浓度的糖水喂宝宝，最初可加快肠蠕动的速度，但不久就转为抑制作用，使宝宝腹部胀满。

宝宝发育需要铁元素

● 宝宝缺铁的原因

1．早产、双胎、胎儿失血以及妈妈患有严重的缺铁性贫血，都可能使胎儿储铁减少。

2．单纯用乳类喂养而不及时添加含铁较多的辅食，容易发生缺铁。宝宝6个月后可适当的增添含铁的辅食。

3．婴儿期宝宝发育较快，早产儿体重增加更快。随体重增加血容量也增加较快，如不添加含铁丰富的食物，宝宝很容易缺铁。

4．正常宝宝每天排泄的铁比大人多，出生后两个月内由粪便排出的铁比由饮食中摄入的铁多，由皮肤损失的铁也相对较多。

● 铁元素的主要来源

铁元素的主要来源有动物的肝、心，蛋黄、瘦肉、黑鲤鱼、虾、海带、紫菜、黑木耳、南瓜子、芝麻、黄豆、绿叶蔬菜等。另外，动植物食物混合吃，铁的吸收率可增加1倍，因为富含维生素C的食物能促进铁的吸收。

新妈妈催乳食谱

木瓜花生排骨汤

[材料]

排骨180克，花生120克，木瓜1个。

[制作]

1 木瓜去皮、核，切块；排骨洗净，切块；花生用热水浸泡，洗净去皮。

2 烧热油锅，下入排骨爆香盛出。

3 锅内烧开适量水，把全部用料放入锅内，煲至各料烂熟，调味即可。

赤小豆鲤鱼汤

[材料]

鲤鱼300克，赤小豆120克，盐适量。

[制作]

1 将鲤鱼去肠杂及鳞洗净，赤小豆洗净。

2 锅内下油烧热，放入鲤鱼煎至两面微黄，盛出。

3 锅内加入适量水，下鲤鱼和赤小豆一起煮熟，然后用盐调味。

海带拌腐竹

[材料]

水发腐竹、海带各200克，黄瓜40克，麻油15克，熟豆油25克，酱油、醋、盐、味精、蒜瓣、芝麻酱、香葱各适量。

[制作]

1 腐竹切寸长丝，入开水中焯透，捞出过凉，沥净水分。

2 海带、黄瓜洗净后，均切寸长细丝，香葱、蒜瓣各适量，切末。

3 将各种丝料码好入盘内，撒上香葱末，上桌时加入全部调料，拌匀即食。

冬瓜虾仁汤

[材料]

冬瓜200克，猪瘦肉100克，虾仁50克，豌豆适量，盐少许。

[制作]

1 将冬瓜洗净、去皮，切成菱形块。豌豆、虾仁洗净。猪瘦肉切成块，用沸水焯一下，捞出沥水。

2 炒锅烧热，加足量清水烧开，放入冬瓜块、瘦肉块、虾仁、豌豆，大火煮沸后小火煲40分钟，出锅前加盐调味即可。

小番茄炒鸡丁

[材料]

鸡肉100克，小番茄40克，黄瓜50克，白糖1小勺，蒜1瓣，盐1/2小勺，植物油两大勺，玉米淀粉10克，咖喱粉适量。

[制作]

1 将小番茄及小黄瓜洗干净沥干，小黄瓜切成块备用。

2 鸡肉洗干净，切丁。

3 鸡丁加适量盐、植物油、水淀粉、白糖搅拌均匀，将鸡丁腌10分钟备用。

4 锅内倒入植物油，烧至八成热，将鸡肉丁略炒半熟，放入蒜爆香。

5 将咖喱粉放入炒匀，放入小番茄、小黄瓜片、白糖、盐等一起翻炒，炒至肉熟后即可。

羊排粉丝汤

[材料]

羊排骨200克，干粉丝50克，葱、姜、蒜蓉、醋、香菜、植物油各适量。

[制作]

1 将羊排洗涤整理干净，切块。葱切末，姜切丝。香菜择洗干净，切小段。

2 锅置火上，放入植物油烧热，放入蒜蓉爆香，倒入羊排煸炒至干，加醋少许。

3 随后加入适量清水及姜丝、葱末，用大火煮沸后，撇去浮沫。

4 改小火焖煮两小时，加入用开水浸泡后的粉丝，撒上香菜，再次煮沸即可。

牛奶炖鸡

[材料]

母鸡1只，鲜奶500克，姜片、盐各适量。

[制作]

1 将母鸡宰杀，去毛、去内脏，洗净切块。

2 把鸡肉放入滚水氽烫，待鸡肉变色后，即可捞出；将氽烫好的鸡肉浸泡在冷水后取出，去除鸡皮及鸡油。

3 将处理好的鸡放入砂锅中，加入适量的清水、姜片及鲜奶煮滚后，转小火炖3小时，加盐调味后即可食用。

木耳鸡肉汤

[材料]

木耳2片，鸡肉500克，枸杞子少量，北芪25克，姜3片，鸡心枣（去核）8粒。

[制作]

1 将木耳用水浸软，洗净泥沙。

2 将材料放入炖盅内，加5碗水炖两小时左右便可。

disijie

第四节

日常护理指南

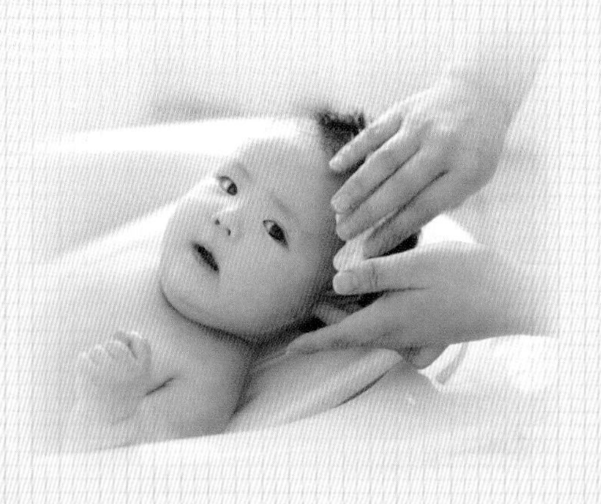

给宝宝拍照时不要用闪光灯

宝宝全身的器官、组织发育不完全，处于不稳定状态，眼睛视网膜上的视觉细胞功能也处于不稳定状态，强烈的电子闪光灯对视觉细胞产生冲击或损伤，影响宝宝的视觉能力。

为了防止照相机的闪光灯给宝宝造成伤害，对6个月内的宝宝，要避免用闪光灯拍照，可改用自然光来拍照。

如何抱这个阶段的宝宝

在这阶段，抱宝宝最重要的一点是防止宝宝后背扭伤，应该学会保护好后背的方法，最好的方法是挺直后背，弯下双膝，让大腿撑起重力。

如果要把此阶段的宝宝放下则要注意，不要像以前那样小心，可以采用抱起的方法放下宝宝，也可以一只手撑着宝宝的上身，护着宝宝的后背和臀部，另一只手扶着臀部。如果要把宝宝放在高椅上，双手扶住宝宝的腋下，让宝宝的双腿自然垂下，正好放在座位与托盘之间。

宝宝安全座椅选购指南

市售的车辆上面的安全带是按照成年人的尺寸设计的，可最大程度的保护成年人的安全。而当儿童乘坐车辆时，安全带并不能将其牢牢地固定在座位上，所以，安全带也不能起到保护作用，这时给宝宝选择最适合的安全座椅就显得尤为重要。

<table>
<tr><th colspan="8">根据宝宝的体重选择合适阶段的儿童安全座椅</th></tr>
<tr><td></td><td>新生儿
3千克</td><td>1岁
10千克</td><td>3岁
15千克</td><td>4岁
18千克</td><td>8岁
25千克</td><td>9岁
30千克</td><td>11岁
36千克</td></tr>
<tr><td>后向宝宝座椅（适用于体重10千克内，1岁以下的宝宝）</td><td colspan="2">此阶段的宝宝，颈部还没有完全发育好，还不足以支撑相对较重的头部重量，后向安装座椅比正向安装更能为宝宝的头部和颈部以及脊椎部位提供全方位的保护</td><td></td><td></td><td></td><td></td><td></td></tr>
<tr><td>转换式安全座椅（适用于体重9～18千克，1～4岁的宝宝）</td><td></td><td colspan="3">是一种能够根据宝宝的年龄而调整位置的安全座椅。在宝宝体重还未达到10千克时，可以反向安装；之后则可根据需要将座椅调整到正向</td><td></td><td></td><td></td></tr>
<tr><td>正向儿童座椅（适用于体重15～25千克，4～8岁的宝宝）</td><td></td><td></td><td></td><td colspan="2">此阶段的宝宝身高增长速度快，座椅上的安全带需根据宝宝的成长速度进行调节</td><td></td><td></td></tr>
<tr><td>增高型座椅（适用于体重22～36千克，8～11岁的宝宝）</td><td></td><td></td><td></td><td></td><td colspan="3">增高型座椅一般不配备安全带系统，必须依靠汽车上的安全带保护宝宝</td></tr>
</table>

diwujie

第五节

做宝宝最棒的家庭医生

急性中耳炎

● 宝宝的病症表现

急性中耳炎在宝宝整个婴幼儿期是常见病，因为宝宝咽鼓管本身又直又短，管径较粗，位置也较低，所以，一旦发生上呼吸道感染时，细菌易由咽部进入中耳腔内，造成化脓性中耳炎。也有的宝宝可能会因为分娩时的羊水、阴道分泌物、哺喂的乳汁、洗澡时脏水浸入中耳，引起炎症。

一旦发生中耳炎，宝宝会很痛苦，会出现哭闹不安、拒绝哺喂的现象，有的宝宝还会出现全身症状，如发热、呕吐、腹泻等，直到鼓膜穿孔时，脓从耳内流出来后父母才发现。

● 处理方法

本病主要在于预防，喂奶时应将宝宝的头竖直，不要让乳汁流入耳中。洗澡时要用手指压盖耳部耳道，勿使洗澡水流入耳中。积极防治上呼吸道感染，如果宝宝鼻塞不通，应先滴药油使其畅通，再哺乳。

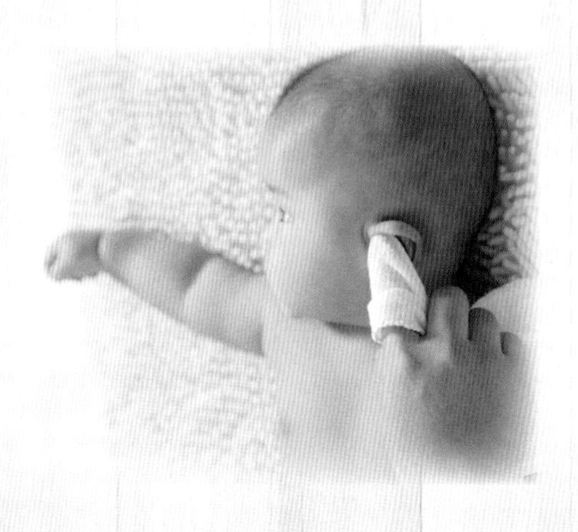

听力的恢复与该病诊治的早晚有很大关系，发现越早，治疗越早，对听力的影响也就越小，而且一次治疗要彻底，以防日后复发。

流鼻涕、鼻塞

● 如何能让宝宝的鼻子通畅

宝宝的鼻黏膜非常敏感，早晚的凉风、气温的变化、灰尘的刺激都可能导致宝宝流鼻涕。但都是暂时的，只要保暖措施得当，室内温度适宜就会恢复正常。但是如果宝宝一整天都持续流鼻涕、鼻塞，很可能是感冒引起的。

鼻塞会对喝奶、睡眠都会产生影响，所以，这个时候要经常给宝宝擦鼻涕。另外，还要注意保持室内湿度，防止干燥。

● 护理要点

宝宝的皮肤很娇嫩，如果用干的纱布、纸巾擦鼻涕很容易把皮肤擦红。所以，要用湿润的纱布拧干后轻轻擦拭。如果鼻涕凝固堵塞鼻孔，可以用棉棒蘸取少量宝宝油，伸进鼻孔进行疏通，注意不要让棉棒刮伤鼻黏膜。或者将热毛巾放在鼻根处，热气就会疏通堵塞的鼻孔。用热水浸湿毛巾或者将湿毛巾放入微波炉内加热都可以，一定不要温度过高烫伤宝宝。

宝宝持续流鼻涕时，家长会经常给宝宝擦鼻子，鼻子下面就会变得很干燥，总是红红的。这时可以给宝宝涂一些宝宝油或者润肤霜，防止肌肤干燥。

diliujie

第六节

我家的宝宝最聪明

数学启蒙训练从现在开始

数学是跟生活紧密相关的，对于这时期的宝宝，父母不用刻意要他去掌握数学的内容，但可以在日常生活中给他渗透一些数学的概念。比如：妈妈握着宝宝的小手，指着自己和宝宝的手跟他说：“手，妈妈的手，宝宝的手，大手，小手。”慢慢的这些数学的概念就会被宝宝悟出来。宝宝稍微大一些可以通过唱歌、游戏理解数学概念。经常给宝宝念一些带有数字的儿歌让宝宝对数字有个模糊概念。就这样一点点渗透，他自然就在轻轻松松与你交流的过程中学到很多东西了。

婴儿数学不仅仅是数数和加减运算，它的内容是广泛而多样的。我们周围的生活中蕴含着数、量、形和一定的空间方位形式，这些都是宝宝数学启蒙的内容。父母可以利用这个日常生活环境让宝宝伸出小手数一数，比比长短、粗细；看看积木有哪些不同形状等等，让宝宝在生活中有意无意地重复体验数、量、形的概念，从而引发他的兴趣和主动思维的积极性。

父母要提供一种有利于幼儿思维自由驰骋的环境，在自由、自愿的条件下，轻松自由地动手摆玩，在猜猜想想中形成宝宝对学习数学的兴趣。千万不要在家庭教育中采用对立式的教授形式，这样不仅不符合宝宝的年龄认知特点，还会引起宝宝的反感。

父母可以给宝宝提供一些日常生活中的用品或玩具：如纽扣、瓶盖、豆子、杯子、积木、笔、游戏棒、扑克牌等等，让宝宝在动手操作、分类、数数的活动中获得有关分类、排序、比较、匹配等数学知识和技能，掌握粗浅的数学概念。

父母不要急于求成而盲目干涉宝宝，应以一个旁观者或伙伴的身份细心观察，了解宝宝思维和动作的特点、过程，发现问题，及时点拨、指导和建议。

此外，父母要注意宝宝的天性和身心发展的内部规律，不要揠苗助长，把超前的数学内容灌输给宝宝。

宝宝也有交际能力

4个月的宝宝对新鲜物像能够保持更长时间的注视，并且能够进行辨别。记忆也变得清晰了，能够认识父母和周围亲人的脸，并且识别父母的表情好坏、认识玩具等。

此时的宝宝已经开始分辨他生活中的人，他会用“微笑”谈话，并且非常依恋与他最亲密的人。妈妈抱着宝宝坐在镜子对面，让宝宝面对镜子，然后轻敲玻璃，吸引宝宝注意镜中的自己，这时宝宝能明确地注视自己的身影，并对着镜中的自己微笑并与自己“说话”。

到第四个月时，他会喜欢其他小朋友。如果他听到街上或电视中有儿童的声音，他也会扭头寻找。如果他有哥哥姐姐，当他们与他说话时他会非常高兴。随着宝宝长大，他对儿童的喜欢程度也会增加。

他已经学会用手舞足蹈和其他的动作表示愉快的心情，开始出现恐惧或不愉快的情绪；也有了自己的个性，有脾气，并能吸引大人关心他，有时他也会捣乱。他已经学会表达自己的需要，父母也应给予宝宝关心和照顾。

父母要对宝宝的友好表示兴趣，报以爱心、拥抱和安慰性的声音，他就会理解友好待人是有益的。对宝宝笑，她也会回之以笑，并会用笑来欢迎人。

小贴士

多与宝宝对视

尽可能多地与他对视，夸张地做出所有的面部表情和手势；模仿宝宝的一切举动，但不要过度；尽可能多地和他一起玩。唱歌和有节奏的游戏会鼓励他发声。夸张地表现你的反应，回答他时使用明显而夸张的表情和手势，使他能很容易地知道你在和他玩。

第五章

宝宝5个月啦，有点怕生了

这样看宝宝的生长发育指标

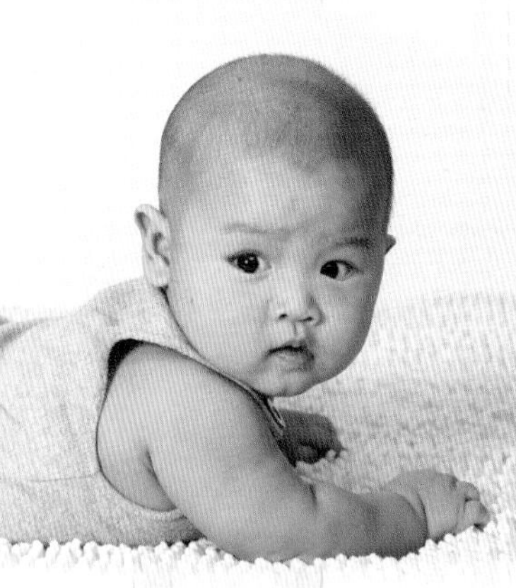

宝宝的发育指标

5个月	男宝宝	女宝宝	5个月	男宝宝	女宝宝
体重	约7.52千克	约6.87千克	头围	约42.80厘米	约41.80厘米
身长	约65.46厘米	约63.88厘米	坐高	约42.25厘米	约41.45厘米

宝宝的发育特点

1. 扶宝宝坐起来时，他的头可以转动，身体不摇晃。
2. 可以用两只手抓住物体，还会吃自己的脚。
3. 能意识到陌生的环境，并表示害怕、厌烦和生气。
4. 哭闹时，大人的安抚声音，会让他停止哭闹或转移注意力。
5. 能从仰卧位翻滚到俯卧位，并把双手从身下掏出来。
6. 让宝宝站立，宝宝的臀部能伸展，两膝略微弯曲，支持起大部分体重。
7. 宝宝能一只手或双手抓取玩具。
8. 宝宝会将玩具放到嘴里，明确做出舔或咀嚼的动作。
9. 会注意到同龄宝宝的存在。

最佳喂养方案

母乳喂养本月宝宝

5个月的宝宝体重增加状况和上个月相比区别不大，平均每天增长15~20克，母乳喂养的情况跟上个月差不多。

人工喂养本月宝宝

宝宝到了5个月，不要认为就应该比上一个月多添加奶粉，其实量基本是一致的。

如果宝宝一次性喝下较多配方奶可以保证很长时间不饿的话，也可以采取这样的喂养安排，每次喂配方奶220~240毫升，一天喂4次。但要注意，不要因为宝宝爱喝配方奶就不断给宝宝增加奶量，这样会影响宝宝的健康和发育。

disanjie
第三节

新妈妈催乳食谱

煎鳕鱼

[材料]

鳕鱼400克，鸡蛋1个，柠檬汁、淀粉适量。

[制作]

1 将鳕鱼洗净，切块。

2 鳕鱼内加入盐腌制片刻，挤入少许青柠檬汁。

3 将备好的鳕鱼块裹上蛋清和淀粉。

4 锅内放油烧热后，放入鳕鱼煎至金黄色，装盘时点缀青柠片即可。

枣菇蒸鸡

[材料]

笨鸡1只（约1000克），红枣15枚，香菇10克，黄酒、姜片、葱、味精、食盐各适量。

[制作]

1 鸡宰后去毛，剖腹去内脏，洗净。

2 香菇、红枣水发，洗净，沥干水。

3 将鸡内外用盐擦抹一遍，把香菇、红枣置于鸡膛内，加上黄酒、姜片、葱段、味精，放入双层蒸锅中蒸2～2.5小时即可食用。

粉丝虾仁

[材料]

粉丝200克，活虾200克，蒜末、豆豉、植物油、酱油各适量。

[制作]

1 虾剥皮，洗干净，煮熟；粉丝用开水焯烫。
2 放入蒜末、豆豉、植物油、酱油，搅拌均匀。
3 放入锅中隔水蒸15分钟。

海米拌油菜

[材料]

油菜250克，海米25克，香油1大匙，盐1/2小匙。

[制作]

1 将油菜择洗干净，切成3厘米长的段。
2 将油菜放入开水锅内焯一下，捞出沥去水分，加入盐拌匀，盛入盘内。
3 将海米用开水泡开，切成末，放在油菜上，加入香油，拌匀即可食用。

羊肉枸杞粥

[材料]

羊肉100克，枸杞子30克，大枣15枚，冰糖适量。

[制作]

1 先将羊肉切末待用。
2 大米洗净与枸杞子、大枣一同放入锅内，加适量水煮熟成粥。
3 待粥煮至熟烂时，再放入羊肉和冰糖煮至粥浓稠状即可。

冬瓜鲤鱼汤

[材料]

冬瓜200克，鲤鱼1尾，生姜、绍酒、枸杞子、植物油、盐、胡椒粉、清水各适量。

[制作]

1 将嫩冬瓜去皮、瓤切成丝；鲤鱼处理干净；生姜切丝。

2 锅内烧油，投入鲤鱼，用小火煎透，下入姜丝，加入绍酒，注入适量清水，煮至汤质发白。

3 加入冬瓜丝、枸杞子，调入盐、胡椒粉，续煮7分钟即可食用。

蔬菜沙拉

[材料]

卷心菜200克，番茄80克，黄瓜60克，青椒30克，白皮洋葱30克，植物油、盐、柠檬汁、蜂蜜各适量。

[制作]

1 把所有材料洗净，卷心菜、番茄切片，青椒、洋葱切成环形片。

2 把切好的材料拌匀，放在盘子里。

3 把植物油、盐、柠檬汁、蜂蜜混合，搅拌均匀，淋在蔬菜上即可。

山药鱼肉汤

[材料]

山药1段，石斑鱼肉240克。

[制作]

1 山药削皮，切成片以备用。

2 食材放入锅内加水用大火煮开后，转中小火煮15分钟至山药熟软。

3 放入石斑鱼片续煮3分钟即可食用。

酥炸甜核桃

[材料]

核桃肉100克，盐1/4小匙，白糖、芝麻、柠檬汁各1小匙，植物油适量。

[制作]

1 核桃肉入开水中煮3分钟盛起，沥干；芝麻洗净，沥干，下锅炒香。

2 坐锅点火，锅内加水，加入白糖、盐及柠檬汁，放入核桃煮3分钟盛起，吸干水分。

3 另起锅，热油，当油热至七八成时，加入核桃炸至微黄色盛起，撒上芝麻即可。

disijie

第四节

日常护理指南

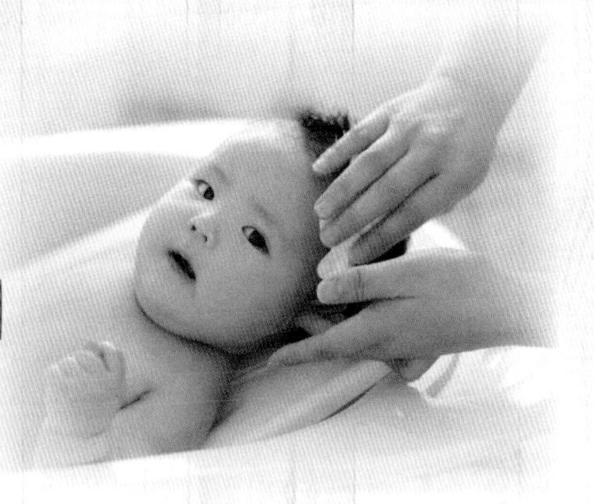

呵护好宝宝的情绪

5个月的宝宝已有比较复杂的情绪了，此时的宝宝，面庞就像一幅情绪的图画，高兴时他会眉开眼笑、手舞足蹈、咿呀作语，不高兴时，则会哭闹喊叫。并且此期的宝宝似乎已能明白家长严厉或亲切的声音，当家长离开他时，他还会产生惧怕、悲伤等情绪。当然，这段时期只是宝宝情绪的萌发时期，也是情绪健康发展的敏感期。

小贴士

{ 做好宝宝的情绪护理 }

宝宝5个月时，父母一定要做好宝宝的情绪护理。妈妈要用温暖的怀抱、香甜的乳汁、慈祥的音容笑貌来抚慰宝宝，使宝宝产生欢快的情绪，建立起对妈妈的依赖和对周围世界的信任。这样，宝宝就易产生一种欢快的情绪，对于宝宝的心理发展及成长是很有益的。

让宝宝顺利度过“认生期”

随着视觉和听觉器官的发育，情感意识的逐渐明晰，宝宝跟他的主要看护者开始建立起一种熟悉的情感联系，从而产生从生理到心理的依赖感。因此，对那些没见过或极少看见的人，会感到非常陌生，会因未知而产生恐惧心理，进而开始排斥陌生人，寻求亲近人的保护。

性格活泼宝宝的安度法	
联谊活动	可以经常带着宝宝去别人家做客，或者邀请亲朋好友到自己家里来，最好有与宝宝年龄相仿的小朋友，这样同龄之间的沟通障碍要小得多，渐渐让宝宝习惯于这种沟通，提升交际能力
时刻安全	遇到宝宝认生时，妈妈要马上让宝宝回到安全的环境，比如抱到自己怀里，放回到婴儿车里，不要勉强或强迫他接受陌生人的亲热，这样只会让他更加紧张，认为妈妈不要他了，所以，要及时安抚

性格内向宝宝的安度法	
多接触陌生人	抱着宝宝，主动地跟陌生人打招呼、聊天，让宝宝感到这个陌生人是友好的，是不会伤害他的
慢慢接近	想要接近宝宝，最好拿着他最熟悉最喜欢的玩具，这样他会慢慢转移注意力，缓解认生的恐惧心理
户外锻炼	平时要多带宝宝到户外去，多接触陌生人和各种各样的有趣事物，开拓宝宝的视野

给宝宝安全的环境

保证宝宝的居家安全	
1	千万别将宝宝单独留在车内或屋内。宝宝吃东西时，要一直待在他身边
2	宝宝在浴缸或浴盆内时不能离开他
3	宝宝在小床内时要将护栏拉起来
4	抱起宝宝时要抓住他的胸部抱，不可以从他的臂膀拉起来
5	宝宝在桌、床或沙发上时要留意他
6	千万别使用塑料袋作为更换桌、床及沙发的覆罩
7	随时留意可能会使他噎住的小东西

diwujie
第五节

做宝宝最棒的家庭医生

宝宝肺炎的护理

● 病症

一般来说，肺炎症状较重，宝宝常有精神萎靡、食欲缺乏、烦躁不安、呼吸增快或较浅的表现。重症的肺炎患儿还可能出现呼吸困难、鼻翼扇动、三凹症（指胸骨上窝、肋间以及肋骨弓下部随吸气向下凹陷）、口唇及指甲发绀等症状。如果发现宝宝出现上述症状，要及时带宝宝去医院就诊。

● 处理方法

患肺炎的宝宝需要认真护理，尤其是对患病毒性肺炎的宝宝，由于目前尚无特效药物治疗，更需注意护理。宝宝患了肺炎，需要安静的环境以保证休息，避免在宝宝的居室内高声说话，要定期开窗通风，以保证空气新鲜，不能在宝宝的居室抽烟，要让宝宝侧卧，这样有利于气体交换。

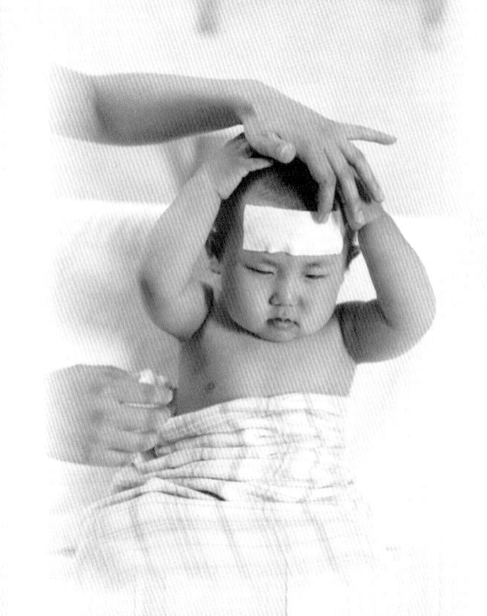

宝宝的饮食应以易消化的米粥、牛奶、菜汤、鸡蛋羹等为主，要让宝宝多喝水，因宝宝常伴有发热、呼吸增快的症状，因此，丢失水分比正常时要多。

急性支气管炎的治疗与护理

● 病毒引发的病状

这是一种病毒、细菌通过鼻、喉进入身体附着于支气管黏膜，从而引发的炎症。最明显的特征为发热、剧烈的长时间咳嗽。冬季多发，大部分都是由于感冒持续时间长、病情恶化造成的。

引起的上呼吸道感染进一步发展导致支气管发炎。不到6个月的宝宝如果受到病毒感染，可能会进一步导致细支气管发炎。

● 从干咳发展到咳嗽中有痰

从最初发热、流鼻涕、轻微的感冒症状开始到干咳，再发展到咳嗽中有痰。继而开始出现高热、呼吸困难，听诊器可以听到胸部有“呼呼”的呼吸声。由于剧烈的咳嗽导致宝宝无法入睡，甚至有呕吐、食欲缺乏，严重时会出现呼吸困难的现象。

● 病情有所好转但咳嗽持续时间比较长

应遵医嘱服用抗生素类药物为主，配合服用止咳、祛痰、退热的药物。基本静养1周左右症状即可减轻。但是由于支气管黏膜受损，咳嗽还会持续一段时间。彻底痊愈大概需要2～3周。

室内应尽量维持一定的湿度，可以在室内晾衣服或者使用加湿器。如果宝宝咳嗽不止，可以适当哄抱，轻拍背部安抚，同时还要注意及时给宝宝补充水分。

dilliujie
第六节

我家的宝宝最聪明

正确理解宝宝吃手的利与弊

好多宝宝从很小的时候就开始吃自己的手，一直吃到2岁左右才会停止，这是一种正常现象，父母要正确认识、理解宝宝的这种行为，了解其利与弊。

在婴儿期，吮指是作为吃奶反射的一种表现，在饥饿时，90%的婴儿会将自己的手指放在口中吸吮。妈妈不用担心，宝宝首先是通过嘴开始认识世界的，吃手指也就成了每个宝宝生长发育的必然过程之一。宝宝吃手指有以下好处：

● 锻炼手眼协调性

吃手指的过程能够锻炼宝宝手的灵活性和手眼的协调性，并为日后自食打下良好基础。

● 促进神经功能和智力发展

宝宝吃手的时候能加强触觉、嗅觉和味觉刺激，促进神经功能发展，还能提高吸吮能力。宝宝把手放在嘴巴里吸吮，是宝宝智力发展的一种信号，说明宝宝的运动肌群与肌肉控制能力已经相互配合、相互协调了。

● 心理满足，消除烦躁

对于刚出生的小宝宝而言，吸手指本来就是一种反射和需求，而且吸吮手指能给宝宝带来舒服感，所以即使是吃饱了，宝宝还是会有吸手指的行为。弗洛伊德和埃里克森认为，在宝宝吃手的活动中还包含了人类性快感需要的自然反应。这里的性快感只是一种近似成人快感的情绪，可以消除宝宝的不安、烦躁、紧张，具有镇静作用。

● 影响面部和牙齿生长

吮吸拇指时间久了，婴儿上下颌的正常生长就会受到干扰，逐渐形成上颌前突、下颌后缩、嗽嘴畸形等。这会导致上下前牙不能接触，影响切咬食物。更重要的是这会影响宝宝外表的美观。对处于牙齿生长期的宝宝而言，吸手指会让牙齿朝着不正确的方向生长，进而影响牙齿的排列、咬合，也容易引发口腔问题。

● 影响手指发育

宝宝长期吃手指也会影响到他们手指骨骼的正常发育。长了牙的宝宝吃手指容易造成手指脱皮、肿胀等外伤，严重时甚至发生感染。

● 不利于个性发展

宝宝由于满足于吃手指的乐趣，不愿参加其他活动，对智力和心理也有影响。

咬手指是宝宝生长发育过程中一个不可或缺的小细节。我们应该分阶段来认识这个小细节：新生儿期的宝宝是在享受吸吮的乐趣，手指是宝宝们最有权力支配，最容易放到嘴里的物体，此时妈妈们大可不必对吸吮手指过度担心，只要保持宝宝手指清洁就行了，但前提条件是宝宝要吃饱。

随着宝宝的长大，妈妈们应该鼓励宝宝多参加游戏活动，与小朋友接触，努力营造一个温暖、舒适、稳定的成长氛围，咬手指也就会逐渐被宝宝淡忘。对于恶性难以纠正的咬手指，应该寻求专科医生的帮助。

早期识字可促进语言发展

有很多家长都在宝宝很小的时候就开始教他认字，好多家长，包括不是有意识教宝宝认字的家长也会发现，在教宝宝看图片的过程中，他会认识字。其实，宝宝很小就可以识字，这是有一定的生理和心理依据的。

首先，宝宝的图形辨别能力是宝宝识字的基础。汉字就像是一些图形，宝宝学习汉字是把它当作图形来认识和记忆的。其次，宝宝出生后前半年，宝宝的神经系统发育比较迅速，功能逐渐增强，这是识字的物质保证。宝宝识字的过程是大脑皮层中复杂的神经联系形成的过程，宝宝识字的根本条件是随着语言能力的发展，宝宝第二信号系统开始形成。

早期识字可促进宝宝语言的发育，促进其观察力的形成和发展，可使宝宝的主动注意力出现得更早，对宝宝的记忆力也有增强的作用。而且识字是早期阅读的基础，早识字可使宝宝更早地学到一些知识。因此父母可经常给宝宝看一些图片，图片下要有较大的汉字，看图的同时给宝宝指认汉字，或者玩一些带字的积木，一边识字一边挑积木玩，这样更能提起宝宝的兴趣。也可以教宝宝认识一些抽象名词，或者笔画多的字，因为从很多人的实践及宝宝识字的原理看，字与字之间的差别越大宝宝越容易辨别。

教宝宝识字可在生活中随时进行，能认几个就认几个，切不可操之过急、过早。宝宝心智的成长需要多种多样的“营养素”，只重视对宝宝的识字教育，在早期教育上“偏食”是不可取的，若方法不对头则会使宝宝产生厌恶情绪，对今后的学习不利。

培养宝宝的空间感

培养宝宝的空间概念感对宝宝以后的学习有帮助，尤其是数学、几何这方面；空间概念对宝宝日后的生活也有所帮助，如看地图、找地方等；空间概念也会影响宝宝未来的职业选择，一般来说空间感强的宝宝更容易选择建筑工程、航空等职业。

对于不满6个月的宝宝而言，训练空间感的最好方法就是游戏，此外，在日常生活中也可以随时加强宝宝的方位感。

此外，在日常生活中也要加强宝宝的空间训练，如宝宝平常生活中随时触摸或使用的，然后再让宝宝进行回答，不会说话的可以用手指。父母可以告诉他，“奶粉在桌子上面，鞋子在椅子下面”或者“奶瓶在高处，杯子在低处”等。带宝宝外出时，牵着他的小手，告诉他“妈妈走在宝宝的右边，宝宝走在妈妈的左边”或“宝宝在妈妈的前边，妈妈在宝宝的后边”等。

第六章

宝宝6个月啦，开始会坐了

这样看宝宝的生长发育指标

宝宝的发育指标

6个月	男宝宝	女宝宝	6个月	男宝宝	女宝宝
体重	约8千克	约7.35千克	头围	约43.10厘米	约41.90厘米
身长	约66.76厘米	约65.90厘米	坐高	约43.57厘米	约42.30厘米

宝宝的发育特点

1．已经出牙0~2颗。

2．双手支撑着坐。

3．物体掉落时，会低头去找。

4．能发出四五个单音。

5．会玩躲猫猫的游戏。

6．能熟练地以仰卧位自行翻滚到俯卧位。

7．坐在椅子上能直起身子，不倾倒。

8．大人双手扶宝宝腋下，让宝宝站立起来，能反复屈曲膝关节自动跳跃。

9．不用扶着就能坐立，但只能坐几秒钟。宝宝这时开始喜欢坐在椅子上，所以宝宝周围要用东西垫好。

10．能用双手抓住纸的两边，把纸撕开。

11．变得爱照镜子，常对着镜中人出神。他将开始对喂他的食物表现出某种偏爱。

12．可以双手堆积积木。

dierjie

第二节

最佳喂养方案

什么时候开始添加辅食

● 辅食最好开始于 6 个月之后

宝宝出生后的前 5 个月基本只能消化母乳或者配方奶，并且肠道功能也未成熟，进食其他食物很容易引起过敏反应。若是喂食其他食物引起多次过敏反应，则消化器官和肠功能成熟后也可能会对食物排斥。所以，换乳时期最好选在消化器官和肠功能成熟到一定程度的 6 个月龄为宜。

● 过敏宝宝从 8 个月开始添加辅食

宝宝生长的前 8 个月最完美的食物就是母乳，因此纯母乳喂养到 8 个月不算太晚，尤其是有些过敏体质的宝宝，添加辅食过早可能会加重过敏症状，所以这种宝宝可 8 个月后开始添加辅食。

● 可以添加辅食的一些表现

等到宝宝长到 6 个月后，母乳所含的营养成分已经不能满足宝宝的需求了，并且这时候宝宝体内来自母体残留的铁元素也已经消耗殆尽了。

宝宝的消化系统已经逐渐发育，可以消化除了奶制品以外的食物了。

宝宝可以添加辅食的一些表现	
1	首先观察一下宝宝是否能自己支撑住头，若是宝宝自己能够挺住脖子不倒而且还能加以少量转动，就可以开始添加辅食了。如果连脖子都挺不直，那显然为宝宝添加辅食还是过早
2	背后有依靠宝宝能坐起来
3	能够观察到宝宝对食物产生兴趣，当宝宝看到食物开始垂涎欲滴的时候，也就是开始添加辅食的最好时机
4	如果6个月龄的宝宝体重比出生时增加一倍，证明宝宝的消化系统发育良好，比如酶的发育、咀嚼与吞咽能力的发育、开始出牙等
5	能够把自己的小手往嘴巴里放
6	当大人把食物放到宝宝嘴里的时候，宝宝不是总用舌头将食物顶出，而是开始出现张口或者吮吸的动作，并且能够将食物向喉间送去形成吞咽动作
7	一天的喝奶量能达到1升左右

这个时期宝宝需要的主要营养

绝大部分妈妈都认为母乳喂养到6个月就足够了，很多妈妈都因为上班或怕身材变形，在宝宝6个月左右就不再母乳喂养了。但实际上，母乳还是对宝宝最好的食品。目前国际上流行“能喂多久就喂多久”的母乳喂养方式，很多西方国家都坚持母乳喂养一直到宝宝一两岁。

怎样喂养本月的宝宝

对于母乳充足的新妈妈来说，可以再坚持一个月的纯母乳喂养。如果母乳不足，或是混合喂养，补充宝宝所需的营养，并自然过渡到辅食，但每天仍要哺乳4~5次，不能只给宝宝喂辅食或以辅食为主，那样宝宝营养会不全面。

宝宝的饮食禁忌

● 辅食不要添加味精

味精的主要成分是谷氨基酸，含量在85%以上，这种物质会与宝宝血液中的锌发生物理结合，生成谷氨基酸锌，不能被身体吸收，随尿液排出。锌的缺失会导致宝宝缺锌，并出现厌食、生长缓慢，所以宝宝辅食不要添加味精。

● 不要只给宝宝喝汤

有的家长认为汤水的营养是最丰富的，所以经常给宝宝喝汤或者是拿汤泡饭，其实这是错误的。因为不论怎么煮，汤水的营养都不如食物本身的营养丰富，因为汤里的营养只有5%～10%。

● 辅食不要添加白糖

很多食物本身就含有糖分，在给宝宝制作辅食时最好少用白糖，不要让宝宝养成爱吃甜食的习惯。若过多地摄取白糖会导致肥胖，应尽可能控制食用。

● 不要把食物嚼烂后再喂宝宝

大人口腔中往往存在着很多病毒和细菌，即使刷牙也不能把它们全清除掉。有些成年人口腔不洁，生有牙病或口腔疾病，这些致病微生物在口腔内存积过多，宝宝一旦食入被大人咀嚼过的食物，将这些致病微生物带入体内，有可能引起疾病的发生。

小贴士

咀嚼后喂食影响消化

食物经大人咀嚼后变成糊状，不再需要宝宝唾液腺的分泌和进一步咀嚼，这样则不利于宝宝颌骨和牙齿的发育，长时间后易造成消化功能低下，影响食欲。

了解辅食添加的过程

月龄	6 ~ 7个月	8 ~ 9个月
辅食添加时期	初期	中期
嘴唇的情况	将小匙轻轻接触宝宝嘴唇，当他们伸出舌头后，放入食物。由于宝宝是在半张口的状态下咀嚼食物，所以会有溢出的情况出现	含在嘴里慢慢咀嚼食物
舌头的情况	当口中进入非流质食物即伸舌的情况消失，开始会前后移动舌头吃糊状食物	一旦学会前后上下动舌头，表明宝宝开始会吃东西了
长牙的程度	即便未到长牙的月龄，发育早的宝宝已经开始长下牙	下牙开始长出，但还不能完成咀嚼，个别发育早的宝宝已开始长上牙
辅食进食法	除了喂果汁以外，也可以尝试添加蔬菜、水果汁混于米糊里喂食，辅食开始一两个月后再行调整浓度	将剁碎的蔬菜以及碎肉添加到米粥里。用颗粒状物质锻炼宝宝的咀嚼能力
辅食的程度	黏糊状食物，可以沾在小匙上的程度	像软豆腐一样的程度

续表

10～12个月	13～15个月	16～36个月
后期	结束期	幼儿期
能用牙龈压碎和咀嚼食物	除了难以咀嚼的、硬的食物外，基本可以和成人进食一样的食物	利用长出的前牙咬碎食物，板牙则被宝宝用来咀嚼食物
熟练使用舌头做上下摆动等动作	舌头的使用已然接近成人能力，可以用舌头移动食物	基本可与成人一样使用舌头
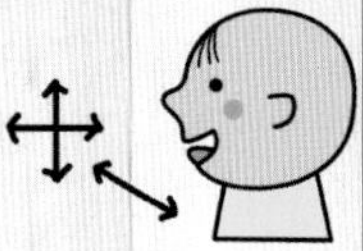	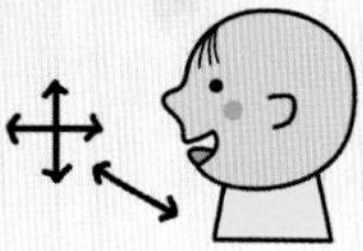	
8个月时长出两颗下牙和4颗上牙	1周岁左右板牙开始长出	尖牙会在16～18个月左右长出，两颗板牙长出则要到20个月左右，部分发育快的婴儿全部牙齿可能长全
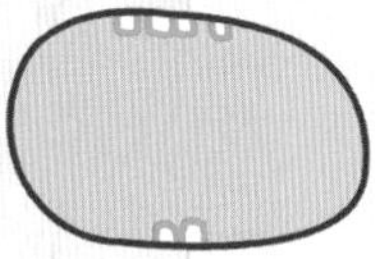	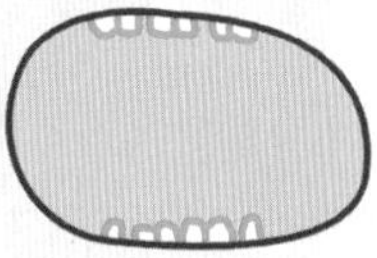	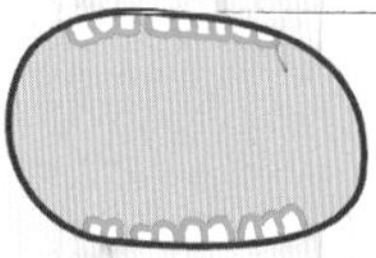
已经可以吃稀饭，也可将蔬菜煮熟后切成碎块喂食	可喂食稀饭、汤、菜，还可添加些较淡的调味料	米饭、杂粮饭、汤菜均已可喂食
软硬程度应控制得像香蕉一样	可咀嚼柔软且易消化的软饭	米饭可以喂食，别的食物选择原则也以软、嫩为先

宝宝各阶段添加的辅食食材

月龄	类别	食材
从6个月开始	谷类	米粉
	蔬果类	马铃薯、黄瓜、地瓜、角瓜、南瓜、梨
从7个月开始	蔬菜类	萝卜、西蓝花
	水果类	苹果、香蕉、西瓜（有过敏症状的宝宝可从13个月后开始食用）
从8个月开始	谷类	大米
	蔬菜类	胡萝卜、菠菜、大头菜、白菜、莴苣
	肉类	牛肉（里脊）、牛肉汤、鸡胸脯肉
	豆类	豌豆、黑豆
从9个月开始	谷类	黑米、小米、大麦、玉米（有过敏症状的宝宝可从13个月开始食用）
	蔬果类	洋葱、香瓜
	海鲜类	鳕鱼、黄花鱼、明太鱼、比目鱼、刀鱼、海带（有过敏症状的宝宝可以选择性食用）
	蛋类	蛋黄（有过敏症状的宝宝可以出生18个月后开始食用）
	豆类	大豆、豆腐、水豆腐（有过敏症状的宝宝可从13个月后开始食用）
	乳制品类	酸牛奶（有过敏症状的宝宝可从13个月后开始食用）
从10个月开始	谷类	黑米、绿豆
	蔬果类	黄豆芽、绿豆芽、哈密瓜
	海鲜类	白鲢、牡蛎
	乳制品	婴儿用奶酪片（有过敏症状可从出生13个月后开始食用）
	坚果类	芝麻、黑芝麻、野芝麻、松仁、葡萄干、花生
	调料类	香油、野芝麻油、食用油、橄榄油

续表

月龄	类别	食材
从 11 个月开始	谷类	红豆
	蔬果类	大辣椒、青椒、蕨菜、柿子
	肉类	猪肉（里脊）、鸡肉（所有部位）
	海鲜类	虾（有过敏症状的宝宝可从 25 个月后开始食用）、干虾汤，干银鱼（将银鱼泡在水里等完全去除盐分后再做成宝宝辅食，做汤要从 13 个月后再开始食用）、飞鱼子
	乳制品类	液体酸牛奶（这时期可以食用，但因酸牛奶里含有防腐剂建议少食用。如果有过敏症状还可在宝宝 13 个月后开始使用），黄油（有过敏症状的宝宝应在适应鲜牛奶后食用）
	其他	果冻类、面包（有过敏症状的宝宝应在医生指导下食用）
从 12 个月开始	谷类	薏苡仁
	面食类	面条、乌冬面、意大利面、荞麦面（有过敏症状的宝宝可从 25 个月后再开始食用）、粉条
	蔬果类	韭菜、茄子、番茄、竹笋、橘子、柠檬、菠萝、橙子、草莓、猕猴桃
	肉类	牛肉（里脊和腿部瘦肉）
	海鲜类	鱿鱼、蟹、鲅鱼、枪鱼（有过敏症状的宝宝可以选择性食用）
	蚌类	干贝、蛏子、小螺、蛤仔、鲍鱼（有过敏症状的宝宝应在 25 个月后开始食用所有蚌类）
	乳制品类	鲜牛奶（有过敏症状的宝宝应咨询医生食用）、炼乳
	蛋类	蛋清、鹌鹑蛋清（有过敏症状的宝宝应在出生后 25 个月开始食用）
	调料类	盐、白糖、酱油、番茄酱、醋、沙拉酱、蚝油
	其他	玉米片、蜂蜜、蛋糕、香肠、火腿肠、鸡翅
从 18 个月开始	乳制品	奶酪
	坚果类	南瓜子

辅食食材的储存方法

● 冷冻应及时

不能只冷冻剩余的食物，应该在原料新鲜的时候就加以及时冷冻。因为只有当食物十分新鲜时及时地冷冻，才能保证食物鲜美的味道。

● 保鲜膜外须加上保鲜袋

为了防止保鲜膜本身的细孔导致保存食物时出现干燥或串味等现象，要在速冻食物时放入封好的保鲜袋中，但这时候不能直接使用微波炉解冻。

● 为防氧化及时排出空气

保鲜最大的敌人就是空气。因为食材往往因为接触到空气而容易氧化，特别是那些鱼、肉等含脂肪类较多的食物，最容易氧化。所以，针对此类食材应隔绝空气进行保存。因为即使冷冻了，如果未隔绝空气，它们仍然会继续氧化，因此，冷冻时应选择密封的保鲜袋或者其他相应容器，并且尽量排掉空气。

小贴士

{ 儿保专家提示 }

冷冻的确可以延长食材保存时间，但是它也是有一定期限的，所以在冷冻时最好给保鲜袋或者在其他保险容器上标注日期，这样能够在使用食材前及时核对保存期限，避免过期食用。

● 猪肉片

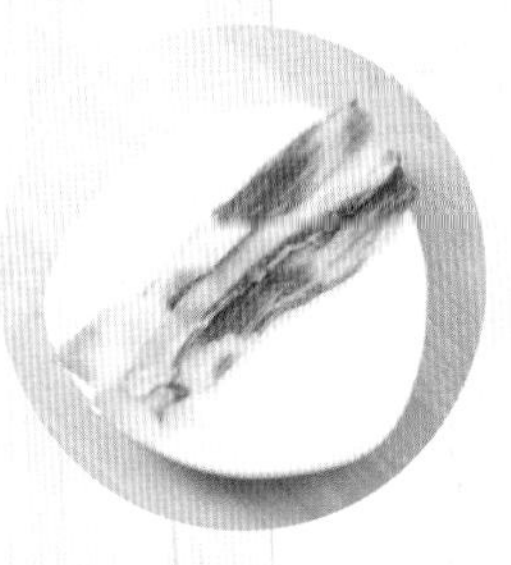

平时将猪肉片冷冻起来，等到食用时再解冻，既方便又卫生。在冷冻时可以用保鲜膜直接将新鲜猪肉片冷冻保存，也可以将猪肉片调味后再冷冻。

使用保鲜膜隔开肉片

1	肉与肉之间用保鲜膜隔开	使用保鲜膜隔开猪肉片，每片肉用保鲜膜包裹 3 ～ 4 层之后再并排放置
2	包上保鲜膜后速冻	包上保鲜膜后进行速冻，用金属容器将包好的肉片进行速冻
3	放入冷冻保鲜袋	当需要完全冷冻时，将肉片放入保鲜袋中速冻

解冻方法

若时间充足则将肉片放入冰箱保鲜室自然解冻，反之则可使用微波炉解冻。

● 鸡翅

为了去掉鸡翅所特有的味道，冷冻时应先用水冲洗干净去除异味，然后吸干水分之后直接冷冻或者调味后再冷冻。

使用保鲜膜隔开鸡翅

1	洗净后吸干水分	洗干净之后再吸除水分，在用水洗干净去除异味之后，使用纸巾吸干水分
2	速冻后放入冷冻保鲜袋	速冻之后放入冷冻保鲜袋，再用保鲜膜将鸡翅间隔放置，然后再放入保鲜袋冷冻

解冻方法

可以放在保鲜室自然解冻，也可以使用微波炉解冻。如果做炖菜则可直接使用。

● 虾

长时间的冷冻也不会改变虾的味道，所以虾既可以煮熟了冷冻保存，也可以生着冷冻。

不剥壳煮虾

1	去掉虾背上的腥线	去除虾背上的腥线。因为煮熟之后就无法去除掉腥线了，所以在煮之前将虾头去掉，然后用牙签挑出虾背上的腥线
2	放在热水中煮	把虾放在热水里煮。将少许盐和酒放入烧开的水中后，将虾放入，煮到虾壳的颜色变红以后捞出，沥干水分
3	速冻后放入冷冻保鲜袋	速冻之后放入冷冻保鲜袋

解冻方法

既可在冰箱保鲜室自然解冻，也可以使用微波炉解冻，又或者直接使用。

● 南瓜

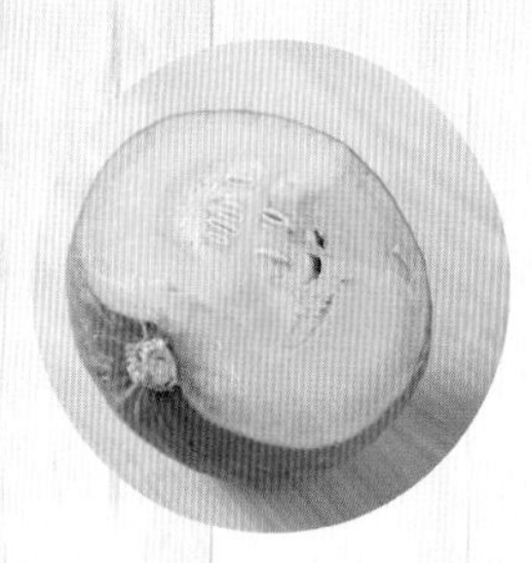

南瓜冷冻之后也不容易变味。可将南瓜煮熟之后切块冷冻，也可做成南瓜泥后再冷冻。

使用微波炉蒸熟

1	切成一口大小的块	将南瓜子和瓜蒂去掉之后，再切成块
2	使用微波炉加热	包上保鲜膜之后放入微波炉加热
3	速冻之后放入保鲜袋	将保鲜膜铺在金属盘上，然后将南瓜块有间隔地摆上，盖上保鲜膜，冷冻后再放入保鲜袋

解冻方法

自然解冻或者使用微波炉解冻。

● 白菜

白菜自身的水分比较多，所以不宜整颗冷冻，最好是将叶和菜帮分开煮熟后冷冻。

菜叶和菜帮分开煮熟

1	菜叶和菜帮要分开	煮熟菜叶和菜帮所需要的温度不同，所以得将二者分开
2	放到锅中煮熟	先将菜叶放入锅中然后再放菜帮，添加盐水煮，等到煮好后冷却沥干水分
3	速冻之后再放入冷冻保鲜袋	将煮熟沥干水分的菜叶和菜帮放入冷冻保鲜袋后速冻

解冻方法

既可自然解冻也可使用微波炉解冻，如果用来做炖菜则可直接使用。

● 胡萝卜

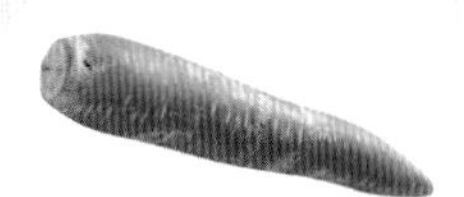

既可以切成条状直接冷冻，也可以切成块煮熟之后再冷冻保存。

切开后煮熟

1	煮熟后沥干水分	把切成块的胡萝卜放入锅中煮，等煮熟后捞出冷却后沥干水分
2	冷冻后放入保鲜袋	用保鲜膜包上冷冻然后放入保鲜袋

解冻方法

既可自然解冻也可使用微波炉解冻，如果用来做炖菜则可直接使用。

● 蘑菇

蘑菇自身特点就较为方便进行冷冻。将蘑菇去掉根后切成小块，直接冷冻就可以。如果沾水就会对味道产生一定影响。

蘑菇切成块

1	蘑菇块大小要适宜	去掉蘑菇根后，将蘑菇斜切成块
2	炒软加工	在锅中放入 2 小匙植物油后，加热，再放入切好的蘑菇块炒软，最后加点盐
3	冷却后放入保鲜袋	将蘑菇块压平后速冻

解冻方法

既可自然解冻，也可使用微波炉解冻。如果是用来做炖菜则可直接使用。

●红薯

因为红薯的口味不受生熟的影响，所以可以将红薯加工成泥状蒸熟后冷冻保存。

使用微波炉蒸熟

1	放入微波炉加热	将去皮洗净的红薯用保鲜膜包住放入微波炉加热 2 ～ 3 分钟
2	切片后速冻	将熟的红薯切成 1 厘米厚的圆片后，用保鲜膜包住进行速冻
3	放进冷冻保鲜袋	将用保鲜膜包住的红薯块整齐地放入冷冻保鲜袋保存

解冻方法

既可自然解冻，也可使用微波炉解冻。

● 鸡蛋

将鸡蛋加工之后再冷冻也是不错的选择。把鸡蛋煎成饼或者炒熟后再冷冻，更加节约烹饪时间。

炒鸡蛋

1	把鸡蛋糊炒松	把 1 大匙白糖放入鸡蛋糊后混合搅拌均匀，然后再放到放有鸡精的煎锅中炒匀
2	速冻后放入保鲜袋	将炒好的鸡蛋松放入保鲜袋后进行速冻

解冻方法

可使用微波炉解冻。

● 米饭

如果只是将米饭放在保鲜室里会容易变干，所以最好将米饭冷冻保存，食用时可用微波炉加热或者炒熟以后再吃。

分成一次使用量后用保鲜膜包住

当米饭还是温热的时候，用保鲜膜按一次使用量包好后压平，等到冷却后再放入保鲜袋中。

分成一次使用量后放入密封容器中

将米饭放入容器中，封好，等其冷却后再进行速冻。

解冻方法

使用微波炉进行解冻。

辅食食材的料理方法

● 油菜

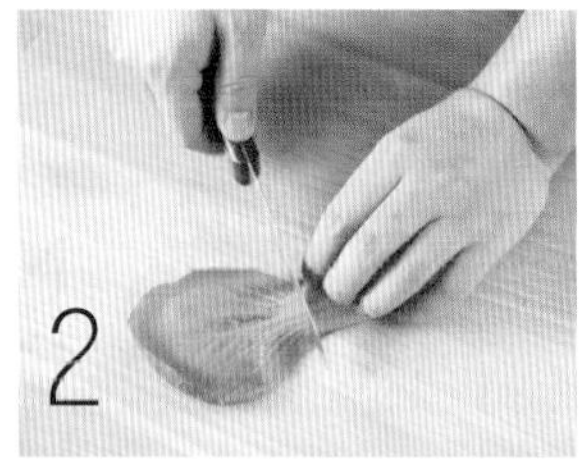

1. 用开水将油菜烫一下，去掉最外层的菜叶，保留最好的部分。烫完菜之后，记得用凉水冲一下。

2. 将剩下的油菜一张张叠放起来，然后去茎保留菜叶部分。

3. 按照5毫米的间隙切叠好的这部分菜叶。

4. 此时的菜叶已切成丝状，可以给8个月之后的任何月龄的宝宝食用。

● 南瓜

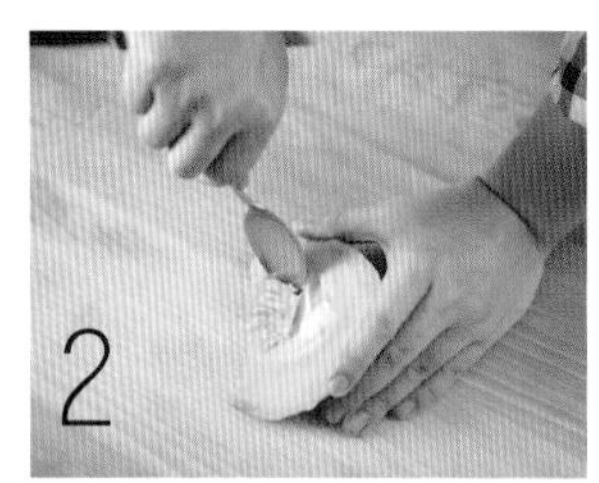

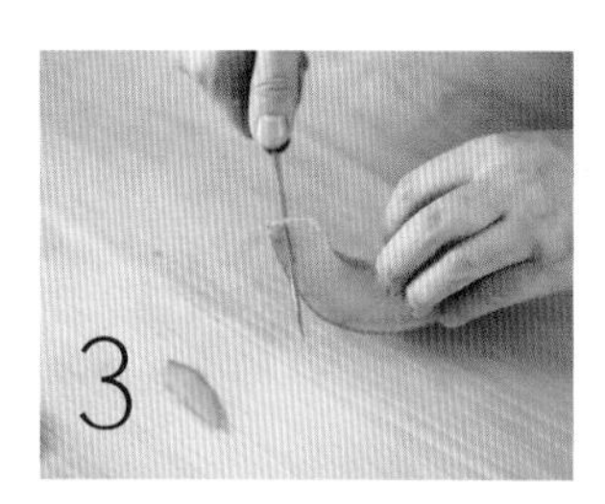

1. 因为南瓜本身较为厚实，皮也较硬，所以切起来就得有一定技巧，应该用刀沿着瓜身上的条纹切成块。

2. 将切成块状的南瓜皮朝下放置，然后再用匙清除瓜子。

3. 用刀轻轻去掉下部的皮。

4. 最后将去皮无子的南瓜块切碎。

● 番茄

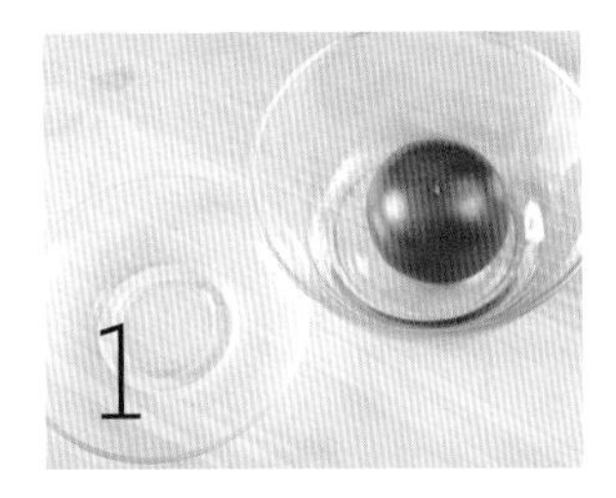

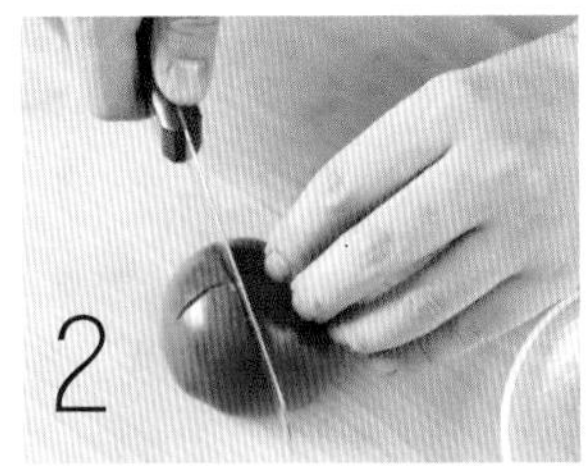

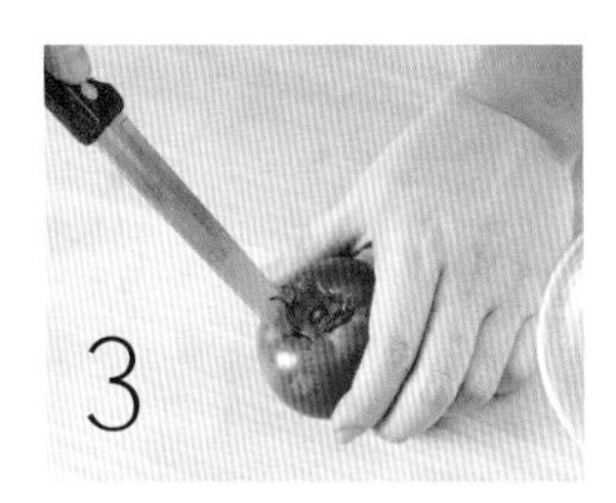

1. 把番茄放入用水和醋按 10 ： 1 调配成的液体中浸泡几分钟后，再用流水冲干净。

2. 在番茄蒂的反方向部分用刀划出十字形口，然后放入开水中烫一下。

3. 剥掉番茄的皮，然后将番茄蒂挖掉。

4. 用刀将番茄分成 4 等份后去籽，再切成块状或者丝状。

● 牛肉

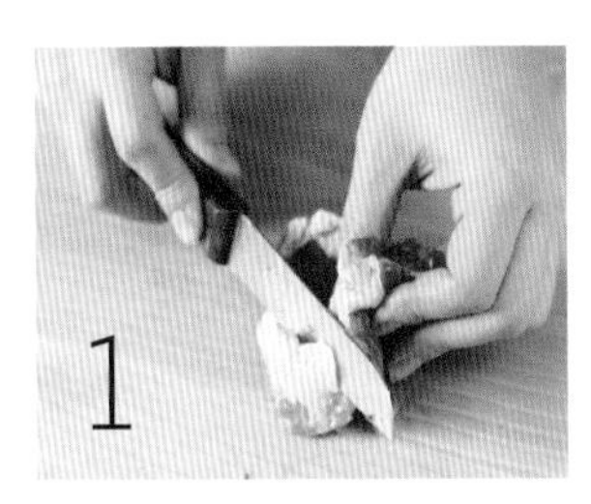

1. 首先去除脂肪和筋。

2. 放到凉水里浸泡 20 分钟以上，去除掉血水。

3. 切割成 3 毫米厚度的薄片后煮熟。如果只是作为辅料配合别的食材，那可以预先用开水烫一下。

4. 在切肉的时候，应该按照肌肉的走向纹理垂直切，这样不仅容易切，吃起来味道也会不一样。切片后也可以剁碎备用。

● 贝壳

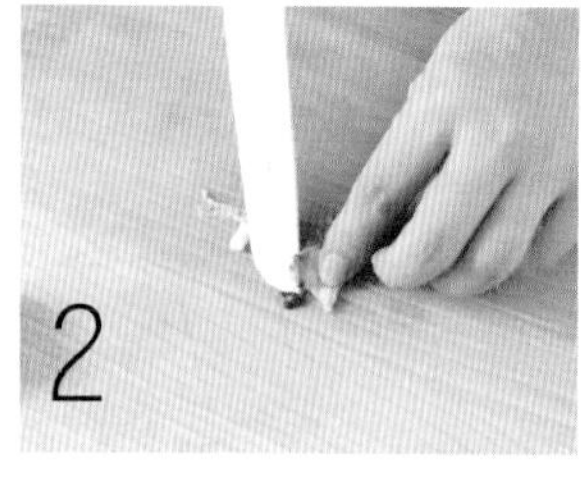

1. 用刀将煮熟的贝壳打开后，取出里面的肉。

2. 辅食用不到贝壳的内脏，所以用刀去除内脏部分。

3. 把剩下的肉斜切成块。

4. 把肉块剁碎，直至成为肉泥。

● 带鱼

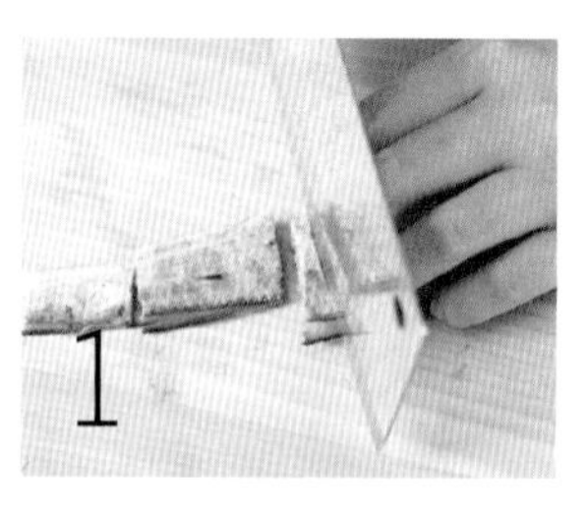

1. 将鱼鳞和鱼鳍去掉，再把鱼切成大小适宜的块。

2. 选择肉多的放在盐水里冲洗干净。

3. 再用洋葱汁或者梨汁去除掉腥味。

4. 放入水中煮至水开为止。将煮熟的鱼肉捞出，剔除掉鱼皮和鱼刺，将剩下的鱼肉搅拌成泥。

● 鲜虾

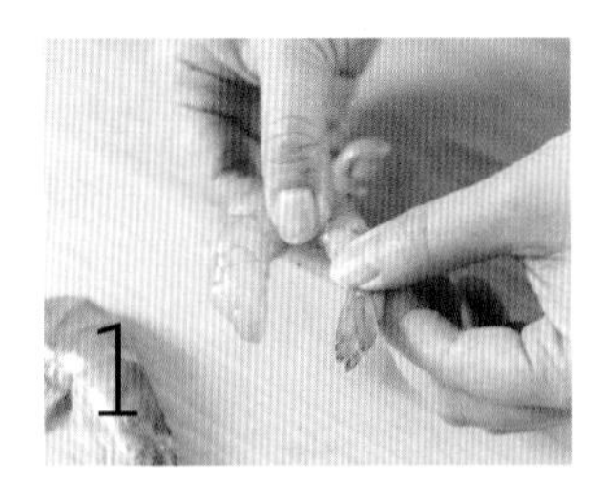

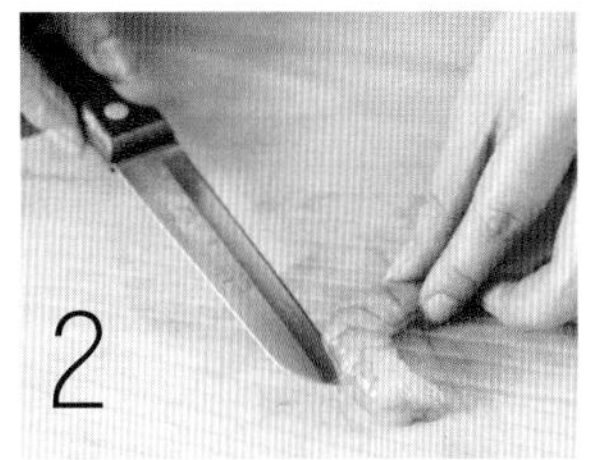

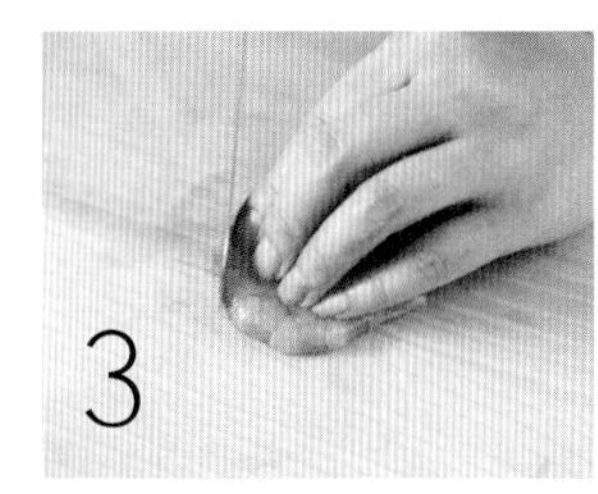

1. 首先把虾头和虾壳去掉，然后捏住虾的尾部将尾巴也去掉。

2. 把虾横着切成两部分，然后再去掉背上的腥线。

3. 将平坦的一面放置朝下，切成片。

4. 将虾片剁碎成泥状。

● 哈密瓜

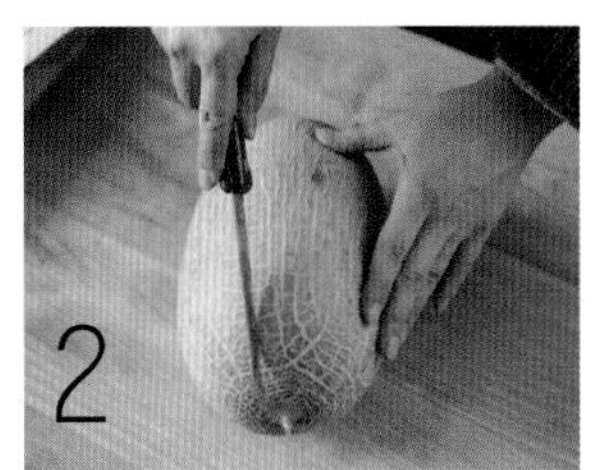

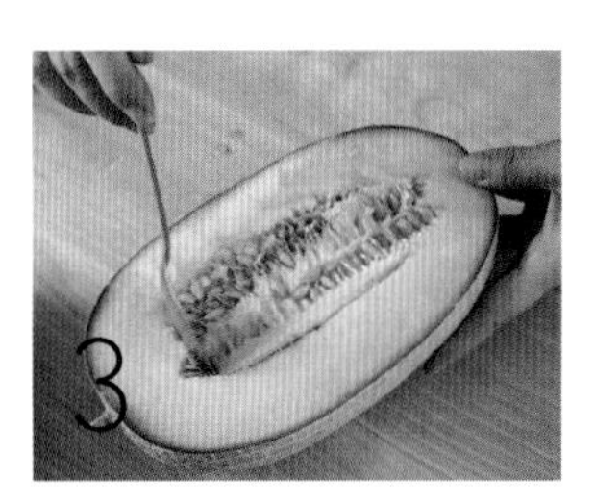

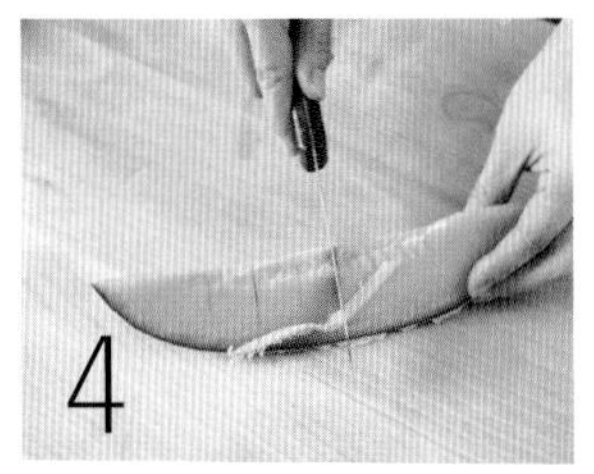

1. 将哈密瓜浸泡在水醋比例为 10 ∶ 1 的混合液中或者用毛巾沾了擦拭，然后用流水冲洗。

2. 将瓜竖着分成 16 等份。切的时候先把刀尖插进去，方便切瓜。

3. 瓜籽用刀刮出来扔掉。

4. 用刀把距离瓜皮 1 厘米左右的坚硬部分挖出来扔掉，留下娇嫩的果肉部分。

● 猕猴桃

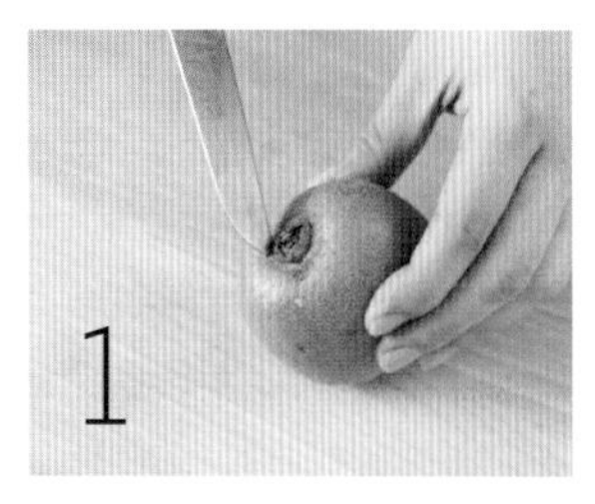

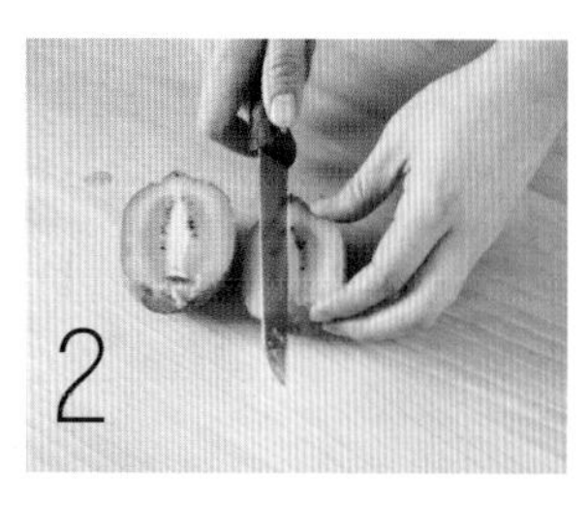

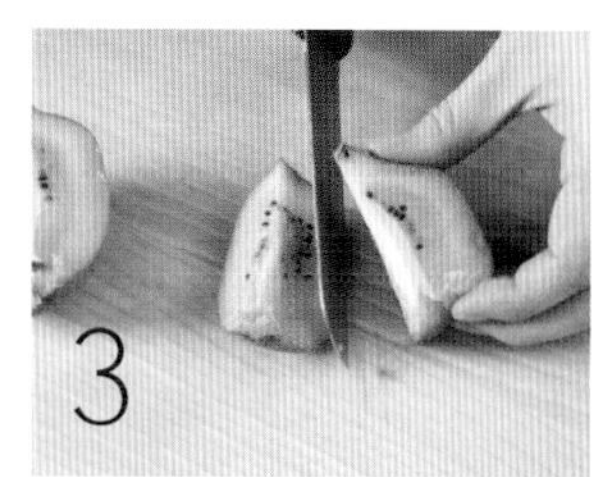

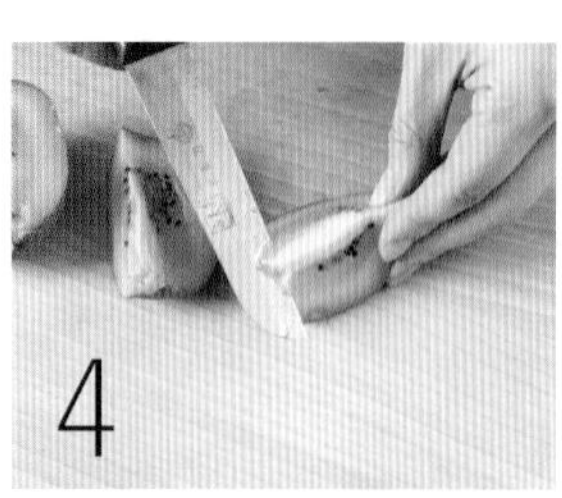

1. 因为猕猴桃表面的毛会导致过敏，所以使用前先用刷子在水下洗刷干净。

2. 从猕猴桃的蒂部开始去皮，用刀将靠近蒂部的较硬的部分挖出。

3. 竖着切成 4 等份。

4. 中间的白色部分比较难嚼，可以去掉。

● 口蘑

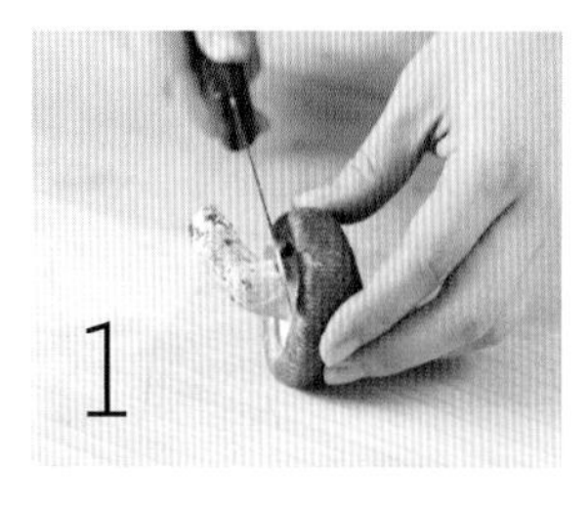

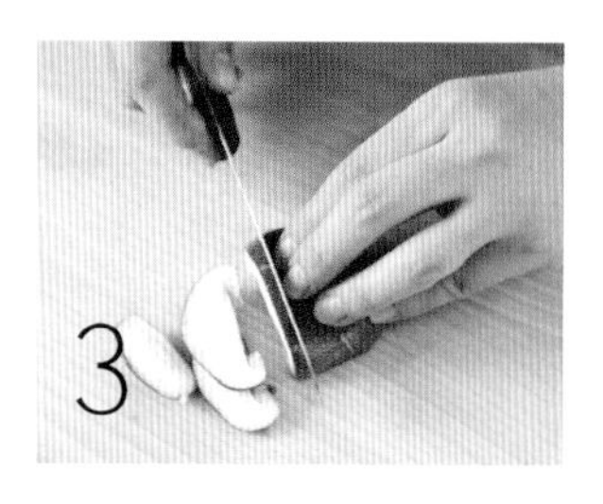

1. 把茎部较硬的部分去掉，只取用伞帽部。
2. 把平坦部位向下放在砧板上。
3. 竖着切成片。
4. 将片切成碎块即可使用。

合理给宝宝添加辅食

宝宝6个月时就可以开始添加辅食了，但是添加辅食的时候，奶量不要减少得太多、太快。开始添加的时候还要继续保持奶量800～900毫升，这时添加辅食的量是较少的，应该以奶为主，因为奶中的蛋白质营养吸收相对较高，对宝宝生长发育有利。

如果辅食以泥糊状食物为主，如粥、米糊、汤汁等，宝宝会虚胖，长得不结实。若是辅食的品种数量不丰富，里面的营养素就不能满足宝宝成长发育的需要，如缺铁、缺锌就会造成宝宝贫血、食欲不好。

随着宝宝的逐渐长大，从母体带来的抵抗力也会逐渐减少，自身抗体的形成不多，抵抗力就会变差，所以容易生病。这时妈妈就应该给宝宝添加辅食了。

注意不要强迫宝宝吃东西，否则宝宝也许连喜欢的食物也开始排斥了。试着喂宝宝果汁，慢慢地让宝宝习惯母乳、奶粉以外的味道。

喂辅食时要使用专用匙

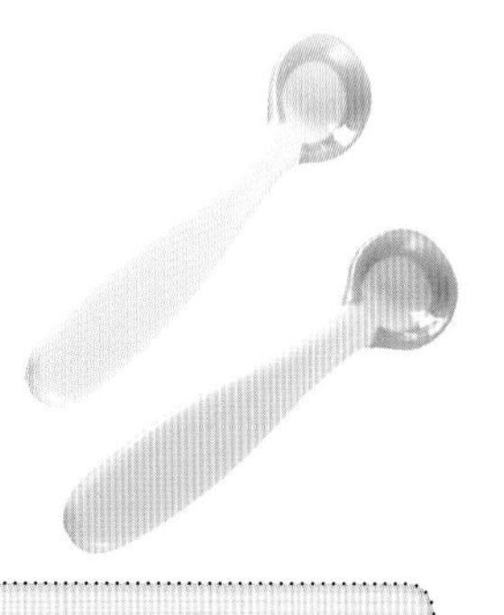

注意用宝宝专用匙来喂泥糊状食物，喂食物时千万不能让宝宝躺着，可以先让妈妈或家人抱着喂，等宝宝自己能够坐的时候把宝宝放在儿童椅上再喂。

小贴士

宝宝不喜欢时可寻找替代品

在添加辅食时为宝宝创造良好的气氛，不要破坏宝宝的食欲。如果宝宝不爱吃某种食物，可以先暂停喂食，隔段时间再喂，这期间可以找成分相似的替代品。

泥糊状辅食的制作工具

父母在给宝宝制备泥糊状食物时，要注意食物的种类和烹饪的方式，无论是蒸、煮还是炖，都要多多尝试，这样或许会让宝宝胃口大开。

合适的泥糊状食物制作工具是必不可少的，父母要专门准备一套制作工具。父母还要给宝宝准备一套专用的餐具，并鼓励宝宝自己进食，会产生事半功倍的效果。

● 安全汤匙、叉子

这组餐具的粗细很适合宝宝拿握，非常受欢迎。叉子尖端的圆形设计，能避免宝宝使用时刺伤自己的喉咙，上面还印有宝宝喜爱的卡通人物，能让宝宝享受更愉快的用餐时光。

● 食物研磨用具组

尽管使用家中现有的用具也能烹调泥糊状食物，但若准备一套专门用具，会更方便顺手。它有榨汁、磨泥、过滤和捣碎4项功能，还能全部重叠组合起来，收纳不占空间。

食物研磨用具可以方便调制宝宝泥糊状食物。它可在微波炉里加热。食物研磨用具组是方便、多样化调配泥糊状食物的万能工具。

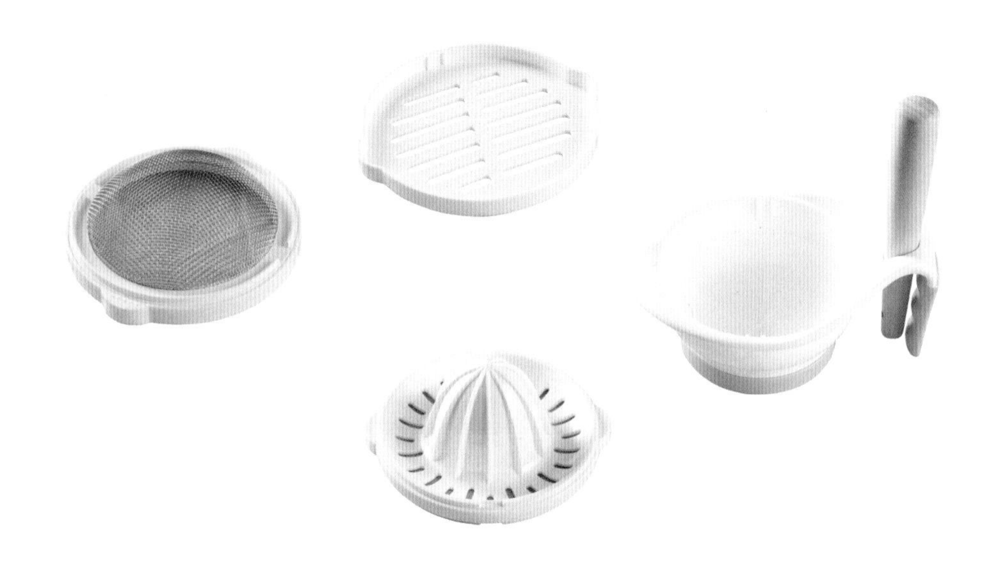

添加初期辅食的原则、方法

● 添加初期辅食的原则

由于宝宝生长发育以及对食物的适应性和喜好都存有一定的个体差异，所以每个宝宝添加辅食的时间、数量以及速度都会有一定的差别，妈妈应该根据自己宝宝的情况灵活掌握添加时机，循序渐进地进行。

● 添加辅食不等同于换乳

当母乳比较多，但是因为宝宝不爱吃辅食而用断母乳的方式来逼宝宝吃辅食这种做法是不可取的。因为母乳毕竟是这个时期的宝宝最好的食物，所以不需要着急用辅食代替母乳。

● 添加初期辅食的方法

妈妈到底该如何在众多的食材中选择适合宝宝的辅食呢？如果选择了不当的辅食会引起宝宝的肠胃不适甚至过敏现象。所以，在第一次添加辅食时尤其要谨慎些。

● 留意观察是否有过敏反应

待宝宝开始吃辅食之后，应该随时留意宝宝的皮肤。看看宝宝是否出现了什么不良反应。如果出现了皮肤红肿甚至伴随着湿疹出现的情况，就该暂停喂食该种辅食。

● 留意观察宝宝的粪便

宝宝粪便的情况妈妈也应该随时留意观察。如果宝宝粪便不正常，也要停止相应的辅食。等到宝宝没有消化不良的症状后，再慢慢地添加这种辅食，但是要控制好量。

● 辅食添加的量

奶与辅食量的比例为8：2，添加辅食应该从少量开始，然后逐渐增加。刚开始添加辅食时可以从铁强化的米粉开始，然后逐渐过渡到菜泥、果泥、蛋黄等。食用蛋黄的时候应该先用小匙喂大约1/8个蛋黄泥，连续喂食3天；如果宝宝没有大的异常反应，再增加到1/4个蛋黄泥。接着再喂食3～4天，如果还是一切正常就可以加量到1/2个蛋黄泥。需要提醒的是，大约3%的宝宝对蛋黄会有过敏、起皮疹、气喘甚至腹泻等不良反应。如果宝宝有这样的反应，应暂停喂养，等到8个月大后再行尝试。

外出时的辅食准备

● 奶类、谷类辅食的准备方法

米粉、麦粉

可以借用奶粉分装盒将米粉、麦粉、奶粉分别装好，这样外出冲泡时会较方便。用小汤匙喂食，让宝宝做吞咽练习。

米粥

带9个月以上的宝宝外出时，可以准备米粥，用大口径的保温瓶盛装，既方便盛出，又有保温效果。

面包片

宝宝9个月时可以开始用干面包片来训练咀嚼能力。外出时，先准备一些面包片，放进食物保鲜袋内携带。

● 蔬果类辅食的准备方法

果汁或菜汁

选择富含维生素C的新鲜水果自行榨汁，如橙子、西瓜、葡萄等，也可以尝试喂食菜汤，如胡萝卜、菠菜等蔬菜的汤汁。外出时以干净且可密闭的容器盛装果汁或菜汁，再以小汤匙喂食。

果泥或菜泥

在家中做好的果泥和菜泥，同样以干净且可密闭的容器盛装，再以小汤匙喂食；也可以在外出前将水果洗净切好，再以汤匙刮下喂食。

disanjie

第三节

宝宝辅食这样做

西瓜汁

[材料]

西瓜瓤20克，清水30毫升。

[制作]

1 将西瓜瓤放入碗内，用匙捣烂，再用纱布过滤成西瓜汁。

2 倒入与西瓜汁等量的清水加以稀释。

3 将稀释后的西瓜汁放入锅内，用小火煮一会儿即可。

草莓汁

[材料]

草莓3个，清水30毫升。

[制作]

1 将草莓洗净，切碎，放入小碗中，用匙碾碎。

2 将碾碎的草莓倒入过滤漏勺，挤出汁，加清水拌匀即可。

黄瓜汁

[材料]

黄瓜1/2根。

[制作]

1 将黄瓜去皮后用礤板擦丝。

2 用干净纱布包住黄瓜丝挤出汁即可。

油菜汁

[材料]

油菜叶5片，清水50毫升。

[制作]

1 在锅里加50毫升水煮沸。

2 将洗净的油菜叶切碎后放入锅里的沸水内，煮1分钟后熄火。

3 凉温后，过滤倒入小碗中。

白萝卜生梨汁

[材料]

白萝卜、梨各1/2个，清水适量。

[制作]

1 将白萝卜切成细丝状，梨切成薄片状。

2 锅置火上，将白萝卜倒入锅内加清水烧开，再小火炖10分钟，加梨片再煮5分钟取汁即可。

橘子汁

[材料]

橘子1个，清水50毫升。

[制作]

1. 将橘子去皮，掰成两半，放入榨汁机中榨成橘汁。
2. 倒入与橘汁等量的清水中加以稀释。
3. 将稀释后的橘汁倒入锅内，再用小火煮一会儿即可。

苹果汁

[材料]

苹果1/3个，清水30毫升。

[制作]

1. 将苹果洗净、去皮，放入榨汁机中榨成苹果汁。
2. 倒入与苹果汁等量的清水中加以稀释。
3. 将稀释后的苹果汁放入锅内，再用小火煮一会儿即可。

苹果胡萝卜汁

[材料]

胡萝卜1根，苹果1/2个，清水适量。

[制作]

1. 将胡萝卜、苹果削皮后切成丁，放入锅内加适量清水一同煮10分钟。
2. 稍凉后用已消毒的纱布过滤掉渣子，再取汁即可。

日常护理指南

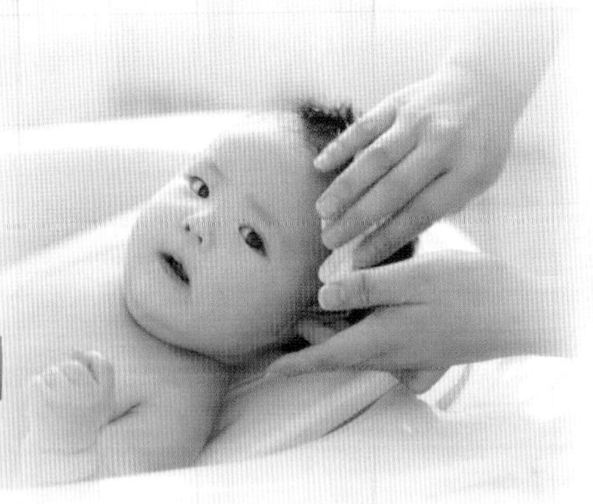

选择天然、无污染的宝宝用品

宝宝渐渐长大，此期间，除了继续使用以前的用品外，从5个月开始应该为宝宝增加的用品有小匙、小碗、围嘴等等之类的东西。这些东西的选择，同样要选择安全、无污染、天然材质的。当然价格也需要考虑，不是越贵越好，给小宝宝买东西，看重的是品质和安全，而其他一些因素都是次要的。

准备家庭小药箱	
家中常备的内服药	退热药、感冒药、助消化药等
家中常备的外服药	3%碘优液、2%甲紫（紫药水）、1%碘伏、75%乙醇、创可贴、棉棒、纱布、脱脂棉、绷带，以及止痒软膏、抗生素软膏、眼药水等

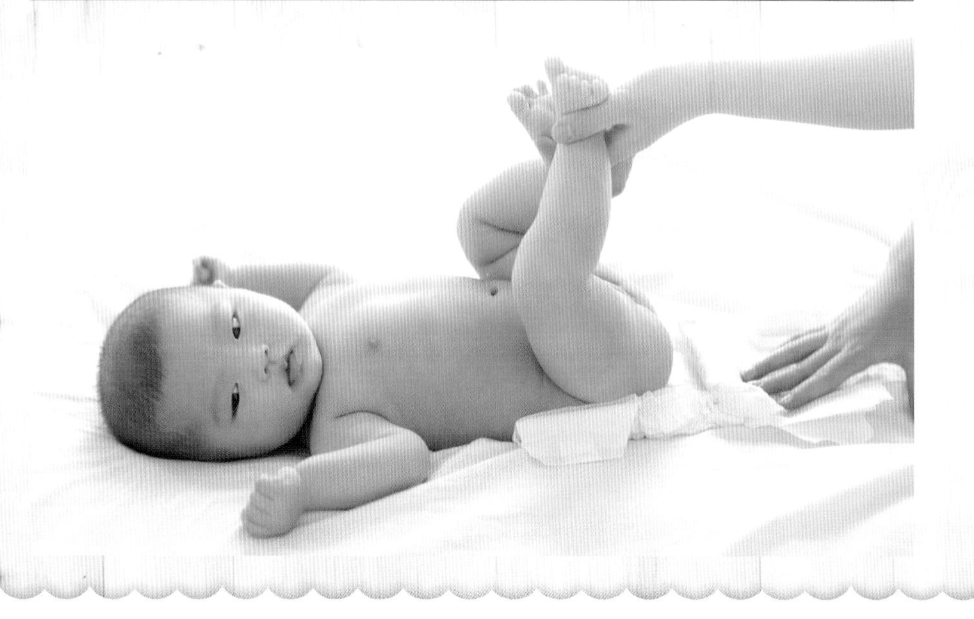

宝宝睡觉不踏实怎么办

● 宝宝有可能缺少微量元素

这一时期宝宝易缺钙与锌，缺钙易引起大脑及植物性神经兴奋性，导致宝宝晚上睡不安稳，需要补充钙和维生素D。如果缺锌，则要注意补锌，可在医生的指导下服用一些补锌产品。

● 查看宝宝是否身体不适

有鼻屎堵塞宝宝的鼻孔，引起宝宝呼吸不畅快，也容易导致睡眠不安稳，所以父母要注意这方面的因素，当宝宝睡不安稳时，检查宝宝的鼻孔，帮宝宝清理后可能症状就会得到缓解。

● 调整宝宝的睡觉姿势

关于宝宝的睡姿，到了宝宝翻身能自如掌控的时候，他会选择最舒服、最适合自己的方式睡。但是现在宝宝的肢体协调能力还没发育良好，如果让宝宝独立翻身找到舒服的睡姿是很难的事情，所以爸爸妈妈应该帮助宝宝暂时保持仰卧的睡姿。

这个阶段的宝宝发育就是这样，他的腿部力量越来越大，活动力越来越好，经过自己的练习，肢体的协调力也越来越好了。

● 给宝宝提供良好的睡眠环境

睡前应先让宝宝排尿。宝宝因为夜里想尿尿就醒，所以应该给他用尿不湿，这样不至于因为把尿影响宝宝睡觉。如果用了尿不湿宝宝不尿，依然需要把尿，一定是尿不湿包得太紧。

小贴士

不要给宝宝养成醒了就要人抱的习惯

如果没有发现不适的原因，那么夜里常醒的原因很大一部分是习惯了，如果他每次醒来你都立刻抱他或给他喂东西的话，就会形成恶性循环。宝宝夜里醒来时不要立刻抱他，更不要逗他，应该立刻拍拍他，安抚着他，想办法让他睡去。

diwujie

第五节

做宝宝最棒的家庭医生

痱子的居家护理

每天用温水给宝宝洗澡，以保持皮肤清洁，水温不宜过热或过冷。痱子已经形成后，就不要再给宝宝使用痱子粉了，否则会阻塞毛孔，加重病症。注意为宝宝选择婴幼儿专用的洗护用品，不要使用成人用品。

宝宝身体一旦出现大面积痱毒或脓痱，应及时到医院治疗。可让宝宝吃一些清凉解暑的食物，如绿豆汤、绿豆百合粥、西瓜汁等。

预防宝宝长痱子	
1	保持通风凉爽，避免过热，遇到气温过高的日子，可适当使用空调降温
2	宝宝如果玩得大汗淋漓，应及时给宝宝擦干汗水，保持皮肤清洁干燥
3	宝宝睡觉宜穿轻薄透气的睡衣，但也不要脱得光光的，以免皮肤直接受到刺激
4	外出时，要使用遮阳帽、婴幼儿专用防晒霜
5	在洗澡水中加入花露水等预防痱子

便秘的预防与护理

● 宝宝便秘的表现

排便的次数少，有的宝宝3～4天才排1次大便，并且粪便坚硬。而且排便困难，排便时疼痛或不适，也会引起宝宝哭闹。

● 形成便秘的原因

用牛奶喂养的宝宝容易出现便秘，这是由于牛乳中的酪蛋白含量多，可使大便干燥。另外，宝宝由于食物摄入的不正确，造成食物中纤维素含量少，引起消化后残渣少，粪便减少，不能对肠道形成足够的排便刺激，也可形成便秘；还有的宝宝没有养成定时排便的习惯，也可能发生便秘。

● 避免便秘的方法

1．帮助宝宝形成定时排便的习惯。

2．用白萝卜片煮水给宝宝喝，理气、消食、通便。

3．给宝宝喂新鲜果汁、蔬菜汁和苹果泥、香蕉泥等维生素含量高的辅食。

4．辅食中增加富含膳食纤维和纤维素的食品可以增加粪便体积，软化大便，如蒸红薯、白萝卜泥、胡萝卜泥等。

5．以肚脐为中心顺时针按摩5分钟，促进肠道蠕动，每天2次。

diliujie
第六节

我家的宝宝最聪明

手眼协调促进智力发展

眼睛是心灵的窗口，通过眼睛，宝宝才能真实地了解周围的事物；手是认识事物的重要器官，手的活动可以促进大脑的发育。只有手眼协调的活动才能真正有效地促进宝宝各项能力的全面发展，因此，手眼协调能力的发展对促进宝宝的运动能力、智力和行为起着非常重要的作用，对宝宝有重要意义。多看、多动手，宝宝的大脑才能更聪明。

眼睛可以看到物品的色彩、形状、大小等，手可触摸物品，感受软硬、粗糙度、冷热等特性，通过手和眼的共同作用，宝宝可以发现手中物品更多的特性，更快更全面地了解周围的环境，发现物体的上下、左右、前后等空间特性等。

6个月的宝宝已经具备了坐的能力，于是双眼可以监控双手玩弄物品，此时手的活动范围与视野交叉，但手眼协调能力依然比较差。可以给宝宝买一些不易撕坏的图书等，让宝宝随便翻翻，翻书是训练手眼协调能力的极好的活动之一。

1岁之后，宝宝的手眼协调能力得到更好的发展，已经能够理解手中抓着的玩具与掉落在地上的玩具之间的因果关系，因此喜欢故意把抓在手中的玩具扔掉，并且用眼睛看着、用手指着扔掉的玩具。此时，可让宝宝玩积木、玩拼图、玩沙水，捏橡皮泥、捏面团等，或给宝宝买一些用来训练手眼协调能力的玩具，比如洞洞板、穿珠玩具、套杯、套桶等，这些都能够极好地锻炼宝宝手眼协调能力。

随着宝宝的不断长大，手眼协调能力增加，比如能够独自把积木垒高，拿着笔在纸上画长线条，把水从一只杯子倒入另一只杯子。父母可为宝宝准备铅笔、彩笔、硬纸片、白纸之类的材料以及可供他随意坐、站、跪的场所，为他提供舒服的涂鸦场所以便练习手眼协调能力。

每个宝宝手眼协调能力的发展早晚不同，与宝宝所处的环境、父母施予的教育以及训练有着非常密切的关系。手眼协调能力的训练越早越好，父母应积极创造条件，在宝宝不同的发展阶段，充分地训练宝宝去抓、握、拍、打、敲、捏、挖、画，使其成为“心灵手巧”的聪慧宝宝。

正确教宝宝认识身体各部位

6个月的宝宝，可用游戏教他认识身体各部位，可以让宝宝更能集中注意力，增加趣味性，同时游戏还可以对宝宝进行视、听觉和动作的训练，从而增强宝宝的协调能力，促进宝宝适应能力发展。

虽然宝宝还不会说话，但家长还是需要强调每个部位的名称，如“这是鼻子”“这是耳朵”等，并让宝宝与其他人比较身体，如“这是宝宝的鼻子，那是哥哥的鼻子，每个人都有一个鼻子”等。

6个月的宝宝能自己坐在澡盆里，这时家长可通过轻轻抚摸膝盖、腋下、乳房、肚脐、小鸡鸡，让他敏感得咯咯笑，然后不时地告诉他各个部位的名字。

家长还可以通过儿歌、图片、娃娃玩具等教宝宝认识身体，如指着布娃娃或图片的眼睛说：“娃娃的眼睛在哪里？”用同样的方法指出鼻子、嘴巴、耳朵等，或给宝宝朗诵一首由身体部位组成的儿歌等。

此外，父母要学习用正确名称来称呼宝宝身体各部位，尤其是隐私部位，使宝宝对自己的身体有安逸感。

洗澡和换尿布的时刻是开始教宝宝认识身体部位的最佳时机。当宝宝5～6个月大的时候，许多父母在教宝宝认识身体部位时常常会玩这样的游戏，“这儿是你的鼻子，这儿是你的肚子，这儿是你的膝盖，这儿是你的脚趾”，这些父母只教宝宝认识身体部位的三分之二，而另外三分之一身体的其他部位却不同对待。

如果父母们能学着平静而没有畏惧地说：“这儿是你的鼻子，这儿是你的肚子，这儿是你的膝盖，这儿是你的脚趾。”这将会让宝宝以一种坦然的态度接受许多正面信息。

用玩具开发宝宝的智力

对婴幼儿来说，生活就是游戏，他们在做各种游戏中不断成长。玩具在游戏中扮演十分重要的角色，它像教科书一样，时刻启迪婴幼儿的心智。婴幼儿在游戏中能够学到“非常特别的东西”，而这种“特别东西”正是人的智能，是能够适应未来发展的人才需要的基本素质。

玩具的特点是具有一定的形状、颜色、声音，制作的材料也各不相同。在使用玩具游戏时，促使婴幼儿看、听、触摸、抓握、摆弄，刺激他们的各种感官，发展他们的各种感知觉，同时也发展他们的注意力、记忆力、想象力和思维能力。因此，玩具是教育婴幼儿认识现实世界的极好工具，也是其人生的第一部“教科书”。

玩具是宝宝游戏生活中不可缺少的物质工具，是宝宝成长中的最好伴侣，理想玩具的选择不仅要具有教育意义，还要考虑儿童年龄的特点，不同年龄阶段的宝宝玩具类型应有所变化。婴儿期玩具类型主要为训练、培养知觉及动作的玩具。

6个月的宝宝学会取、抓、摇、拿等动作，此时期玩具的形式、大小、颜色、构造的材料也应是各种各样的，可有响铃、木头人、圆球、塑料玩具以及布制玩具等。当宝宝学会翻身时，玩具可交到宝宝手中，让他拿着玩。当宝宝学会爬行时，玩具应放在离他不远的地方，鼓励他爬过去够取。到了8～9个月，宝宝开始会辨别玩具的性质，重复几种玩法。这一阶段可让宝宝玩各种玩具，如娃娃、响铃、小碗，还可让宝宝看成人玩机动玩具，如小猴骑车、小熊打鼓等。10～12个月的宝宝已开始从爬发展到站立、学步，因此这时的玩具应有学步车或小推车。不管是哪一类型的玩具在使用过程中都应符合卫生要求。

开发宝宝智力的玩具很多，如串珠类、积木类、球类、娃娃类，复杂形状盒、叠杯、图画书、玩具车、拉着走的动物玩具等等。

但要注意的是，宝宝的游戏是需要家长适当指导和引导的。父母应尽可能地把各方面早期的教育内容和要求，贯穿到游戏中进行，要关怀和支持幼儿的游戏，要正确地组织和引导他们的游戏，有时候应当和他们一同游戏。

第七章

宝宝7个月啦，好黏妈妈啊

diyijie

第一节

这样看宝宝的生长发育指标

宝宝的发育指标

7个月	男宝宝	女宝宝	7个月	男宝宝	女宝宝
体重	约8.46千克	约7.82千克	头围	约44.32厘米	约43.50厘米
身长	约68.88厘米	约67.18厘米	坐高	约44.16厘米	约43.17厘米

宝宝的发育特点

1．宝宝平卧在床面上，能自己把头抬起来，将脚放进嘴里。

2．不需要用手支撑，可以单独坐5分钟以上。

3．拇指与示指对应比较好，双手均可抓住物品。

4．能伸手够取远处的物体。

5．大人拉着宝宝的手臂，宝宝能站立片刻。

6．能够自己取一块积木，换手后再取另一块。

7．能发出“ba”“ma”或者“ai”的音。

小贴士

注意宝宝的健康状况

出生7个月后，从母体中获得的免疫力渐渐消失，所以这一时期宝宝很容易患上感冒等大大小小的各种疾病。因此，这一时期要特别注意宝宝的健康状况。

最佳喂养方案

这个时期宝宝需要的主要营养

7个月宝宝的主要营养来源还是母乳，同时添加辅食。宝宝长到7个月，不仅对母乳以外的其他食物有了自然的需求，而且对食物口味的要求与以往也有所不同，开始对咸的食物感兴趣。

这个时期的宝宝仍需母乳喂养，因此，妈妈必须注意多吃含铁丰富的食物。

怎样喂养本月的宝宝

宝宝到了这个阶段，可以给宝宝喂一些泥状的食物或者米粥之类的辅食，不要拘泥于一定的量，要满足宝宝自己的食量。多吃米粥还会使宝宝脂肪堆积，对宝宝是不利的。

为了使宝宝健康成长，还要加一些鸡蛋、鱼、肉等。对于从上个月就开始添加辅食的宝宝，这个月的食量也开始增大，一般都可以吃鱼肉或者动物肝脏了。若宝宝的体重平均10天增加100～120克，就说明添加辅食进行得比较顺利。

影响宝宝智力的食物

以下食物宝宝如果吃多了，会影响大脑的发育。

● 含过氧脂质的食物

过氧脂质对人体有害，如果长期从饮食中摄入过氧化脂并在体内积聚，可使人体内某些代谢酶系统遭受损伤，过氧脂质食物主要有熏鱼、烤鸭、烧鹅等。

● 过咸食物

人体对食盐的生理需要极低，大人每天摄入6克以下，儿童每天摄入3克以下，习惯吃过咸食物的人，不仅会引起高血压、动脉硬化等症，还会导致智力迟钝、记忆力下降。

什么时候开始添加中期辅食

一般说来在进食初期的辅食后一两个月才开始进食中期辅食，因为此时的宝宝基本已经适应了除配方奶、母乳以外的食物。所以6个月大开始进食初期辅食的宝宝，一般在7个月后期或者8个月初期开始进行中期辅食添加较好。

但那些易过敏或者一直母乳喂养的宝宝，还有那些一直到7个月才开始添加辅食的宝宝，应该进食1～2个月的初期辅食后，再在出生8个月后期或者9个月以后进行中期辅食喂养为好。

● 能较为熟练地咬碎小块食物时

当把切成3毫米大小的块状食物或者豆腐硬度的食物放进宝宝嘴里的时候，留意他们的反应。如果宝宝不吐出来，会使用舌头和上牙龈磨碎着吃，那就代表可以添加中期辅食了。如果宝宝不适应这种食物，那先继续喂更碎的食物，过几日再喂切成3毫米大小的块状食物。

● 开始长牙，味觉也快速发展时

此时正是宝宝长牙的时期，同时也是味觉开始快速发育的时候，应该考虑给宝宝喂食一些能够用舌头碾碎的柔软的固体食物。

● 对食物非常感兴趣时开始添加

宝宝一旦习惯了辅食之后，就会表现出对辅食的浓厚兴趣，吃完平时的量后还会想要再吃，吃完后还会抿抿嘴，看到小匙就会下意识地流口水，这些都表明该给宝宝进行中期辅食添加了。

小贴士

尽量给宝宝扩大辅食的范围

由于宝宝已经开始长牙，所以能吃很多东西。妈妈在这一阶段应该发挥的作用，是让辅食的种类在宝宝的胃肠能够接受的范围内越多越好，扎扎实实地逐渐使辅食成为宝宝的主食。

disanjie
第三节

宝宝辅食这样做

南瓜泥

[材料]

南瓜1块，米汤2匙。

[制作]

1 将南瓜削皮，去籽。
2 将南瓜放在锅中蒸熟后捣碎、过滤。
3 将南瓜和米汤一起放入锅内用小火煮一会儿即可。

苹果泥

[材料]

苹果1/2个。

[制作]

用小匙轻刮苹果面，刮出细泥即可。

鸡肉泥

[材料]

鸡肉15克，清水适量，盐少许。

[制作]

1. 将鸡肉放入加有少许清水的锅里煮5分钟取出，剁成细末。
2. 将鸡肉放入榨汁机中搅成泥状。
3. 加盐和调料，可以蒸煮后直接食用，也可以放在粥里或者加蔬菜泥一起烹饪后食用。

猪肉泥

[材料]

瘦猪肉30克，清水适量，盐少许。

[制作]

1. 将瘦猪肉放入加有少许水的锅里煮5分钟取出，剁成细末。
2. 将瘦猪肉放入榨汁机中搅成泥状。
3. 加盐和调料可以直接烹饪后食用，也可以放在粥里或者加蔬菜泥一起烹饪后食用。

菠菜大米粥

[材料]

菠菜3片，十倍粥6大匙。

[制作]

1. 将十倍粥盛入碗中备用。
2. 将新鲜菠菜叶洗净，放入开水中氽烫至熟，沥干水分备用。
3. 用刀将菠菜切成小段，再放入研磨器中磨成泥状，最后加入准备好的稀粥中混匀即可。

大米牛肉粥

[材料]

大米粥2匙，牛肉10克，牛肉汤汁3/4杯。

[制作]

1 选择不含有油的牛肉，用冷水洗净后再用干净的布擦净，然后切成末。

2 把牛肉放锅里炒，炒到半熟为止。

3 把大米粥、牛肉末、牛肉汤汁一起放锅里用大火煮。当水开始沸腾后把火调小，煮到大米粥熟烂为止然后熄火。

胡萝卜豆腐粥

[材料]

大米粥3匙，豆腐20克，菜花5克，胡萝卜10克，牛肉汤汁2/3杯。

[制作]

1 豆腐切成小块用沸水焯一下，控水后研磨成小粒。

2 胡萝卜洗净削皮后切成0.3厘米大小的粒状。

3 洗净菜花，取花朵部分用沸水焯一下捣碎。

4 把大米粥、胡萝卜粒和牛肉汤汁放锅里用大火煮粥即可。

第四节

日常护理指南

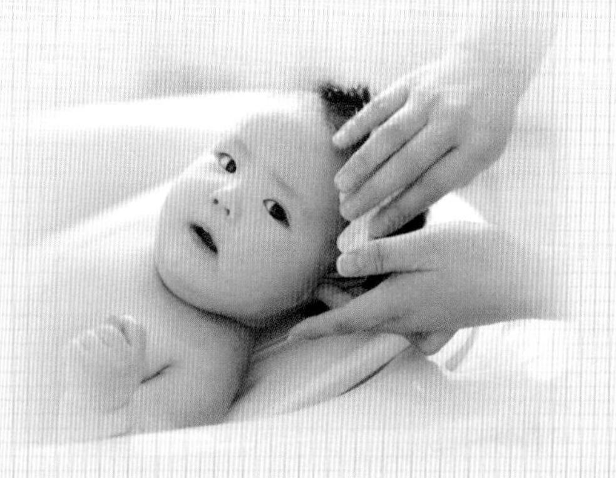

选择舒适的鞋子

7个月的宝宝，由于生长发育的需要，穿鞋可以促进宝宝多爬、多走，对运动能力和智力发展都很有好处，所以，在这时父母一定给宝宝选双合适的鞋子。

当宝宝开始学爬、扶站、练习行走时，也就是需要用脚支撑身体重量时，给宝宝穿一双合适的鞋就显得非常重要。为了使脚正常发育，使足部关节受压均匀，保护足弓，要给宝宝穿硬底布鞋，挑选时要注意以下几方面：根据宝宝的脚型选鞋，即鞋的大小、肥瘦及足背高低等都需要注意；鞋面应以柔软、透气性好的鞋面为好；鞋底应有一定硬度，不宜太软，最好鞋的前1/3可弯曲，后2/3稍硬不易弯折；鞋跟比足弓部应略高，以适应自然的姿势；鞋底要宽大，并分左右；宝宝骨骼软，发育不成熟，鞋帮要稍高一些，后部紧贴脚，使踝部不左右摆动为宜；宝宝的脚发育较快，平均每月增长1毫米，买鞋时尺寸应稍大些。

宝宝生活环境的选择

宝宝的房间一定要选朝阳的，但此时期的宝宝视网膜没有发育完善，因此，要使用床幔来阻挡阳光，避免宝宝眼睛受到强光的刺激。房间灯光一定要实现全面照明度，强调有光无源，一般可采取整体与局部两种方式共同实现。房间里不能有一盏光线特别强的灯，可用光槽加磨砂吸顶灯，也可用几盏壁灯共同照明。

宝宝的房间最好紧临父母的卧室，在格局上，让父母的卧室和宝宝房成为套房关系，相连的墙用柜子或帘子隔开，方便随时照看。

宝宝房间面积不宜过大，因为宝宝对空间的尺度感很小，房间面积不宜超过20平方米，但也最好不要低于10平方米。

要高度注意宝宝的安全

有很多家长看到宝宝只会爬行，就认为宝宝不会发生什么危险，所以，当宝宝在地上玩时，家长就极有可能粗心大意——将宝宝放在地上，自己去做其他的事情。可以说，这是宝宝发生危险的最主要原因。

为了宝宝的安全，家长不能让宝宝离开自己的视线，最好将家中一切潜藏的危险都清除掉。

1	必须将地上的东西清理干净，以免宝宝捡起放到嘴里
2	厨房的门一定要关好，以防止宝宝弄倒垃圾筒而误食了脏东西
3	要将家里的暖水瓶放在宝宝碰不到的地方，以防止宝宝被烫伤
4	筷子、笔等杆状的东西一定不要让宝宝拿到，以防止发生危险

diwujie

第五节

做宝宝最棒的家庭医生

如何预防宝宝晒伤

1．不要让宝宝在强光下直晒，在树荫下或阴凉处活动，同样可使身体吸收到紫外线，而且还不会损害皮肤。每次接受阳光照射1小时左右为宜。

2．外出时要给宝宝戴宽沿、浅色遮阳帽，撑上遮阳伞，穿上透气性良好的长袖薄衫和长裤。

3．选择婴幼儿专用防晒品，在外出前30分钟把防晒品涂抹在外露的皮肤部位，每隔2小时左右补擦1次。

4．防晒用品要在干爽的皮肤上使用，如果在湿润或出汗的皮肤上使用，防晒用品很快便会脱落或失效。

5．尽量避免在上午10时至下午3时外出，因为这段时间的紫外线最强，对皮肤的伤害也最大。

晒伤的居家护理	
1	将医用棉蘸冷水在宝宝晒伤脱皮部位敷10分钟，以减轻灼热感，这样做能修复皮肤，又能迅速补充表皮流失的水分
2	涂抹芦荟纯植物凝胶，修复晒伤后的皮肤
3	让宝宝处于通风的房间里，或洗一个温水澡，这些方法都能让宝宝感觉舒服。洗澡时，不要使用碱性肥皂，以免刺激伤处
4	如果宝宝出现明显发热、恶心、头晕等症状应及时就诊，在医生的指导下，口服抗组织胺药物或镇静剂，重症者则需给予补液和其他处理

预防被蚊虫叮咬

1．注意室内清洁卫生，开窗通风时不要忘记用纱窗做屏障，防止各种蚊虫飞入室内。

2．宝宝睡觉时，可选择透气性较好的蚊帐，或使用婴幼儿专用电蚊香、驱蚊贴等防蚊用品。

3．外出时尽量让宝宝穿长袖衣裤，还可以在外出前涂抹适量驱蚊虫用品，或佩戴驱蚊手环。

4．用八角、茴香泡水给宝宝洗澡，洗后身上淡淡的香味就如同给宝宝上了一道无形的防护罩，蚊子会不敢近身。

叮咬后的居家护理	
1	勤给宝宝洗手，剪短指甲，以免宝宝抓破蚊虫叮咬处引起皮肤感染
2	如果被蜜蜂蜇了，要先用冷毛巾敷在受伤处；如果被虫子身上的细刺蛰得面积比较大，应先用胶带把细刺粘出来，再涂上金银花露消毒
3	用盐水涂抹或冲泡痒处，这样能使肿块软化；还可切一小片芦荟叶，洗干净后掰开，在红肿处涂擦几下，就能消肿止痒
4	症状较重或由继发感染的宝宝，必须去医院诊治，一般医生会使用内服抗生素消炎，同时使用处方医用软膏等

diliujie
第六节

我家的宝宝最聪明

如何让宝宝不“霸道”

宝宝霸道的性格通常是在父母不知不觉中养育而成的，为了避免出现这样的结果，父母要了解宝宝不同成长阶段的差异性，从而把握“约束”的时机。

一般在宝宝降生的最初几个月里，父母不能忽视宝宝的要求，应该细心爱护，让他始终感受到爱意和温暖。在宝宝4个半月大时，开始学会通过故意哭闹来得到大人的陪伴和注意。

在6～8个月内，父母需要坚持用爱、理解和坚决的态度来对待宝宝的各种行为，这样做的结果会减少宝宝的哭闹。随着宝宝的长大，一直到14个月这段时间内，父母要让宝宝明白，虽然他有权力表示并坚持自己的想法，但要有一个限度，这个限度的范围要由父母来决定，父母要内心坚决，表情要表现的不留余地。

宝宝大概17个月的时候，得让他明白，虽然他年龄小，相对家里的大人有一些特殊，但是他并没有比其他家庭成员享有更多的特殊权力和待遇。只有让宝宝经历令他不愉快的“定规矩”的过程，才能保证他以后成为一个快乐、自律的宝宝。

为了减少和宝宝发生冲突，父母首先要充分了解宝宝的兴趣和性格。如果父母知道宝宝对什么感兴趣，并且能够提供多种机会，就可以减少宝宝的无聊感与沮丧感。其次父母要给宝宝提供安全而自由的玩耍空间，这样减少了父母说“不”的机会，避免了好多摩擦。

此外，随着宝宝日渐长大，父母还可以采取其他方法对付宝宝的霸道，如：不予理睬、鼓励宝宝的良好行为、让宝宝饲养小动物、设法使宝宝发泄过剩的精力、帮助宝宝建立好人际关系等。

给宝宝创造读书氛围

婴儿天性偏爱“读书”活动，婴儿生来就有一种好奇心和探索欲，对外界信息接受很快，在所有这些信息中，父母的读书声对他们来说是一种天籁。而且婴儿的图形和颜色知觉发展得很早，他们从小就喜爱看色彩艳丽、图形鲜明、情节生动的图书，更喜欢家长按图书的内容给他们边看边讲。

玩书是宝宝爱上阅读的第一步，对于手中的书本，宝宝不是撕扯摔打就是啃咬，很难跟随父母一页页翻读下去。好多父母经过多次尝试失败之后，最终也就不得不鸣金收兵，这样做会抑制了宝宝从小爱上阅读的美好习惯，对宝宝的发展不利。

家长要根据宝宝不同时期身心发展水平，精心挑选他们所喜爱的，可以接受的优秀读物，为他们的成长提供丰富的精神食粮。在宝宝很小的时候读书给他听，每天拿出几分钟时间和宝宝一起开展亲子阅读，或者鼓励宝宝自己“看书”，这种“对牛弹琴”的行为从某种意义上来说正好顺应了宝宝探究环境的需求，呵护了他们刚刚萌芽的阅读兴趣，帮助宝宝从小养成爱上阅读的好习惯。

除了给宝宝读书和讲故事外，父母还要充当阅读的示范角色。此年龄段的宝宝会根据父母的动作行为进行表演和模仿，要想使读书成为宝宝生活的一部分，那就要让读书也成为自己生活的一部分，让宝宝自然模仿。当坐下来看杂志时，拿一本书给宝宝看，并说道，“我们一起读几分钟书吧”，家庭读书活动对宝宝所产生的影响是为宝宝今后独立阅读做准备，也是培养宝宝良好习惯的方法。

小贴士

鼓励宝宝自己读书

随着宝宝的长大，父母可将一些书籍放在宝宝的活动范围之内，如在一只小书柜里放满儿童图画书，让他自己去取、阅读和替换。如果宝宝喜欢用木工器械制作物品，那就再放上一些说明书或画一些模型，并将它们捆在一起，给宝宝创造游戏和阅读相结合的机会。一旦你注意到宝宝要阅读的时候，就予以鼓励。

第八章

宝宝8个月啦，学习爬行了

diyijie
第一节

这样看宝宝的生长发育指标

宝宝的发育指标

8个月	男宝宝	女宝宝
体重	约8.80千克	约8.20千克
身长	约70.60厘米	约68.80厘米

8个月	男宝宝	女宝宝
头围	约44.61厘米	约43.80厘米
坐高	约45.02厘米	约43.73厘米

宝宝的发育特点

1．会肚子贴地，匍匐着向前爬行。
2．能将玩具从一只手换到另一只手。
3．能坐姿平稳地独坐10分钟以上。
4．可以自行扶着站立。
5．能辨别出熟悉的声音。
6．能发出“ma-ma”“ba-ba”的声音。
7．会模仿大人的动作。
8．已经能分辨自己的名字，当有人叫宝宝的名字时有反应，但叫别人名字时没有反应。
9．对大人的训斥和表扬表现出委屈和高兴。
10．开始能用手势与人交往，如伸手要人抱，摇头表示不同意等。
11．会自己拿着饼干咬、嚼。

dierjie
第二节

最佳喂养方案

这个时期宝宝需要的主要营养

宝宝到了8个月，妈妈的母乳量开始减少，且质量开始下降，所以，必须给宝宝增加辅食，以满足其生长发育的需要。母乳喂养的宝宝在每天喂3次母乳的同时，还要上下、午各添加一顿辅食。

怎样喂养本月的宝宝

宝宝对食物的喜好在这一时期就可以体现出来，所以，妈妈可以根据宝宝的喜好来安排食谱。比如，喜欢吃粥的宝宝和不喜欢吃粥的宝宝在吃粥的量上就会产生差别，所以，要根据个体差异制作辅食。不论辅食如何变化，都要保证膳食的结构和比例要均衡。本月宝宝每日的母乳摄入量在750毫升左右。

小贴士

让宝宝体会不同食物的味道

需要注意的是，此时期的宝宝与饮食相关的个性已经表现出来，所以，煮粥时不要大杂烩，应一样一样地制作，让宝宝体会不同食物的味道。同时也要补充菜泥、碎米、浓缩鱼肝油等营养丰富的食物。另外，肝泥、肉泥、核桃仁粥、芝麻粥、牛肉汤、鸡汤等食物营养也很丰富。如果宝宝已经长牙，可喂食面包片、饼干等。

宝宝长牙需哪些营养素

● 多补充磷和钙

这个阶段是宝宝长牙的时期，无机盐钙、无机盐磷此时显得尤为重要，有了这些营养素，小乳牙才会长大，并且坚硬度好。多食用虾仁、海带、紫菜、蛋黄粉、奶制品等食物可使宝宝大量补充无机盐钙。而多给宝宝食用肉、鱼、奶、豆类、谷类以及蔬菜等食物就可以很好地补充无机盐磷。

● 补充适量的氟

适量的氟可以增加乳牙的坚硬度，使乳牙不受腐蚀，不易发生龋齿。海鱼中含有大量的氟元素，可以给宝宝适量补充。

● 补充适量的蛋白质

如果要想使宝宝牙齿整齐、牙周健康，就要给宝宝补充适量的蛋白质。蛋白质是细胞的主要组成成分，如果蛋白质摄入不足，会造成牙齿排列不齐、牙齿萌出时间延迟及牙周组织病变等现象，而且容易导致龋齿的发生。所以，适当地补充蛋白质就显得尤为重要。

各种动物性食物、奶制品中所含的蛋白质属优质蛋白质。植物性食物中以豆类所含的蛋白质量较多。这些食物中所含的蛋白质对牙齿的形成、发育、钙化、萌出起着重要的作用。

维生素也是好帮手	
维生素A	能维持全身上皮细胞的完整性，缺少维生素A就会使上皮细胞过度角化，导致宝宝出牙延迟
维生素C	缺乏维生素C可造成牙齿发育不良、牙骨萎缩、牙龈容易水肿出血，可以通过给宝宝食用新鲜的水果，如橘子、柚子、猕猴桃、新鲜大枣等能补充牙釉质的形成需要的维生素C
维生素D	维生素D可以增加肠道内钙、磷的吸收，一旦缺乏就会出牙延迟，牙齿小且牙距间隙大。可以通过给宝宝食用鱼肝油制剂或直接给宝宝晒太阳来获得维生素D

disanjie

第三节

宝宝辅食这样做

苹果马铃薯汤

[材料]

苹果、马铃薯各1/4个，胡萝卜5克。

[制作]

1 苹果去皮、去籽，马铃薯和胡萝卜去皮切碎，一起放入榨汁机搅碎。

2 将苹果、马铃薯、胡萝卜的汁泥一同倒入锅里煮，直到变得黏稠即可。

乌龙面糊

[材料]

乌龙面10克，清水2大匙，蔬菜泥适量。

[制作]

1 将乌龙面倒入烧开的水中煮软捞起。

2 煮熟的乌龙面与沸水一同倒入锅内捣烂，煮开。

3 加入蔬菜泥即可。

椰汁奶糊

[材料]

椰汁1/2杯，牛奶1小杯，清水1小杯，栗子粉5小匙，红枣4颗。

[制作]

1 椰汁、栗子粉搅拌均匀，红枣去核洗净。

2 将牛奶、红枣及清水一同煮开，慢慢加入栗子粉浆，不停搅拌成糊状煮开，取其汤汁盛入碗中即可。

鸡肉粥

[材料]

稀粥20克，鸡胸脯肉10克，水200毫升。

[制作]

1 把水倒入锅里煮鸡胸脯肉，煮熟后拿出来捣碎。

2 把稀粥、鸡胸脯肉倒入锅里用大火煮开后，再调小火煮沸。

西蓝花角瓜粥

[材料]

稀粥20克，西蓝花5克，角瓜5克，水200毫升。

[制作]

1 将角瓜放在开水里煮熟后捣碎。

2 西蓝花用开水烫一下后，去掉茎部，花的部分用搅拌机搅碎。

3 把稀粥、角瓜和适量的水倒入锅里，用大火煮开后放入西蓝花，再调小火充分煮开。

蛋花鸡汤软面

[材料]

新鲜鸡蛋1个，细面条少许，鸡汤1/2杯。

[制作]

1 将鸡汤倒入锅里烧开，放入面条煮软。

2 将鸡蛋搅成糊。

3 将鸡蛋糊慢慢倒入煮沸的面条中，将面条煮软即可。

双花稀粥

[材料]

大米40克，菜花、西蓝花各15克，黑木耳10克，鸡蛋1个，清水80毫升。

[制作]

1 将菜花、西蓝花、黑木耳切成碎末，鸡蛋搅成糊。

2 锅置火上，将米饭和清水放入锅中，煮沸后调小火煮稠；慢慢加入蛋糊，边加边搅。再加入菜花、西蓝花、黑木耳继续煮烂即可。

鲜鱼汤

[材料]

鲜鱼肉100克，清水500毫升。

[制作]

1 将去除头部和内脏的鲜鱼肉放入调料包内（利用调料包装鱼，可使烹制好的鱼汤清亮不混浊）。

2 锅内加入500毫升清水，然后再放入装有鱼肉的调料包。

3 等鱼汁溶入水中后，用大火将汤煮沸，煮沸后取出装鱼的调料包即可。

disijie
第四节

日常护理指南

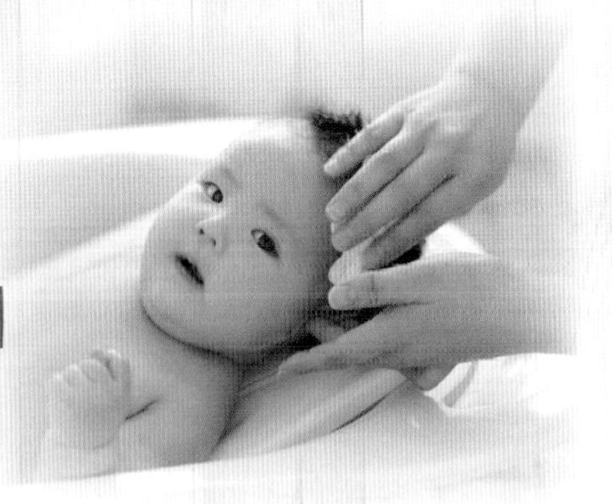

不要让宝宝的活动量过大

通常，喜欢动的宝宝只要是醒着，就基本上不会闲着，而且在不闲着的情况下仿佛也不知道累。只要宝宝不哭，家长往往会忽视存在的问题。此外，有些家长为了使宝宝尽快学会走路，常常长时间地扶着宝宝让其练习走路，还认定这对宝宝的成长有好处。

但是实际上，宝宝的活动量过大不仅无法达到既定的目的，反而还会为宝宝的成长带来不利影响。因为本阶段的宝宝关节软骨还太软，活动量过大极有可能致使关节韧带受伤，进而导致宝宝患上创伤性关节炎。

让宝宝拥有良好的情绪

在日常生活中，不论是对妈妈而言，还是对宝宝而言，有一个良好的情绪是至关重要的。妈妈拥有良好的情绪，会对宝宝更加爱护，给予宝宝更多的爱；而宝宝拥有良好的情绪，则会更加热情地探索对自己而言完全未知的世界，并从这一过程中收获乐趣，收获信心，从而形成一个良好的发展方向。更为关键的是，宝宝拥有良好的情绪，过得开心快乐，家长也会跟着开心快乐。无疑，这样的家庭氛围对宝宝的成长是绝对有利的。

为宝宝创造安全自由的空间

在本阶段，随着宝宝的成长，其好奇心也在逐步提升，活动的能力也在逐步增强，同时独立意识也逐步提升。对于家长的关心或帮助，此阶段的宝宝有时会表现出抵触情绪。也就是说，宝宝自此开始已经不再完全依赖家长了，而有些宝宝甚至喜欢一个人爬上爬下，如爬椅子、沙发等。

可以说，这种表现一方面让家长很欢喜，而一方面又让家长很担忧。喜的是宝宝已经能够自由独立地活动了，忧的是在活动的过程中存在着很多的安全隐患，威胁着宝宝的安全。

在这种情况下，一个自由而又相对安全的空间对宝宝和家长来说是非常重要的。这就要求家长在放手给宝宝自由的时候，要为宝宝创建一个安全的活动空间。如此，宝宝才能玩得快乐，家长才能放心。

宝宝玩具的清洗

玩具购买后应先清洁再给宝宝玩。平时清洁消毒的频率以每周一次为宜。不同材质的玩具清洗方法不一样。

各种玩具的清洗方法	
塑胶玩具	用干净的毛刷蘸取宝宝专用的奶瓶清洁液刷洗塑胶玩具，后用大量清水冲洗干净。带电池的塑胶玩具，可把食用小苏打溶解在水里，用软布蘸着擦拭，然后用湿布擦后晾干
布质玩具	没有电池的玩具可直接浸泡清洗。有电池盒的玩具需要拆出电池或者只刷洗表面，然后放在阳光下晒干
毛绒玩具	用婴幼儿专用的洗衣液来清洗即可，具有抗菌防螨功能的洗衣液更好。充分漂清后在向阳通风处悬挂晾干。不可水洗的玩具可送至洗衣店干洗
木制玩具	可用稀释的酒精或酒精棉片擦拭，再用干布擦拭一遍

夏天宝宝出汗多怎么办

● 每天给宝宝洗澡、洗头

勤给宝宝洗澡和洗头，常温天气每天洗1～2次，高温天气每天洗2～3次或更多，洗好后在宝宝的皮肤上扑上宝宝爽身粉吸汗，以使汗腺管不被堵住而让汗液通畅排出。

● 注意室内环境的通风和降温

室内温度保持在25℃～28℃，并经常开窗通风。可以使用空调、电扇等设备，但一定要避免宝宝直接对着冷气，同时还要注意给宝宝套上小肚兜。

● 多吃新鲜瓜果

宝宝添加辅食后，夏天的食物宜清淡，适当多吃丝瓜、冬瓜、西瓜等新鲜蔬菜和瓜果，及时补充水分。

● 清热消暑食疗更好

可以选择一些适合宝宝的食疗方法，如冬瓜汤、绿豆粥、金银花茶等，制作起来简便，给宝宝食用可以消暑，还能补充因出汗而流失的水分，一举多得。

● 寻找凉爽的地方避暑

对于有条件的家庭，尤其是全职妈妈，可以考虑带宝宝去天气凉爽的城市避暑。这样既可以开阔宝宝的眼界，也不必再为天热出汗所困扰了。

● 给宝宝穿柔软、吸汗的衣服

宝宝衣着宜柔软宽松，避免给宝宝穿尼龙纤维生的衣物。妈妈还要及时将宝宝身上的汗水擦干，保持宝宝全身的干爽和清洁。

diwujie

第五节

做宝宝最棒的家庭医生

急性肠炎的预防和护理

患急性肠炎的宝宝通常会出现腹泻，每天排便10次左右，大便为黄色或黄绿色，含有未消化食物残渣，有时呈“蛋花汤样”。

1	不必禁食，只要宝宝有食欲就可鼓励其进食，但尽量选择易消化且有营养的食物，如米汤、藕粉、稀粥、面汤等
2	鼓励宝宝多喝水，防止出现脱水现象；一旦病情严重，并伴有脱水现象，应及时带宝宝去医院就诊
3	注意患病宝宝的腹部保暖，因为腹泻使宝宝的肠蠕动本已增快，腹部受凉则会加速肠蠕动，导致腹泻加重
4	患病宝宝的用品及玩具要及时洗净并进行消毒处理，以免反复感染

肠套叠症的症状与护理

肠道的一部分出现重叠，即一段套入另一段内，套叠的肠体缠绕在一起造成血液无法流通，最终坏死。治疗不及时很容易引起腹膜炎危及生命。

目前致病原因尚不十分明确，但很可能是由于病毒感染或者感冒引起腹泻，肠道壁的淋巴结肿大不能正常进行工作消化所造成的。这种疾病常见于3～9个月的男孩，宝宝过了2岁基本上就很少见了，过了4岁基本不会再患此病。

宝宝会在某个时刻突然剧烈哭泣，停止后间隔10～30分钟再次反复。宝宝可能表现为脸色灰白、呕吐，粪便呈番茄酱状混有血液。如果发现宝宝出现血便，需要到医院进行灌肠。

套叠的小肠如果血流不畅，很容易导致肠坏死，需要紧急救治。发病24小时内可以通过普通灌肠或高压灌肠（从肛门高压灌入空气）疏通套叠的肠道。疏通后需要在医院观察1日左右。如果发病超过24小时出现肠坏死，则需要手术切除坏死部分。另外在反复发生肠套叠后肠壁容易长息肉，根据检查结果可能需要进行手术。

观察宝宝说话是否“大舌头”

虽然在此阶段大部分宝宝说话都不是很清楚，但是，家长也必须注意，有些宝宝说话不清并非属于大部分宝宝的范畴，而是由于舌系带太短所致。如果属于这种情况，家长就要带宝宝到医院做相关检查，并进行治疗。

舌尖下的那一条极薄的、纵横的黏膜即是舌系带。若舌系带太短，舌头的伸展必定会受到限制，宝宝伸舌头时舌头前端是“M”型而不是正常的尖圆形状，舌尖往上翘时也比较困难，发音和吐字就会不清楚。所以，家长要留心听宝宝说话，以免宝宝是“大舌头”而错过最佳治疗时期。

dìliujie
第六节

我家的宝宝最聪明

让宝宝开心地笑

爱笑的宝宝长大后多性格开朗，有乐观稳定的情绪，这有利于其发展人际交往能力，使其更乐于探索，好奇心比较强，这样会使宝宝学到更多的知识，就更有利于宝宝的智力发展。而且笑还是一种类似于原地踏步的良好锻炼方法，宝宝在笑时面部表情肌运动，胸肌、腹肌参与共振，可对多种器官起到锻炼与按摩作用，故多笑的宝宝体格较为强健；笑对心脏、肺脏、胃肠功能都有很好的促进作用。

宝宝的笑对大脑发育是一种促进，被誉为“一缕智慧的阳光”，年轻的父母应及时抓住这“一缕曙光”，将其作为早期智力开发的一种方式。日常生活中父母首先要多向宝宝微笑，多抱宝宝，与宝宝肌肤接触，并给宝宝新奇的玩具、卡片等激发宝宝面露笑容或发出笑声，还要多和宝宝玩亲子游戏，让宝宝在父母所创造的快乐氛围中开心地玩、开心地笑。

随着宝宝的长大，他学会了察言观色，这时父母的表情便是宝宝的天气预报。在宝宝心目中，父母在微笑即是晴天，自己可以笑、可以闹；父母不笑不恼，是阴天，宝宝会笑，但会加点小心；父母脸色阴沉，表示着“暴风雨”即将来临，宝宝会躲进自己的世界，小心翼翼。

因此，父母要尽量让自己和颜悦色，把工作和生活分开，别把工作的紧张气氛带到亲子间的交流中，也不要为了树立“家长威严”而一直保持“黑脸”。父母的“黑脸”可对换唱，否则分工太明确，不利于宝宝性格的成长。

学会用手语和宝宝沟通

婴儿手语混合了聋哑人使用的标准手语和婴儿天生就会使用的某些手势，发明的最初目的就是为了让还没有学会说话的宝宝提前接触与人交流。使用婴儿手语要考虑婴儿的学习能力，应该采用简单的手势，无论父母还是宝宝，都不需要专门的培训就能掌握。

对比传统教育，学习手语能够显著加快婴儿学习语言的速度，因为一旦宝宝开始与成人交流反馈，周围的人会更加乐于与之交流而产生良性互动，直接刺激婴儿的大脑皮层，这是语言发展的本质因素。

婴儿手语学习要尽早开始，有助于宝宝更好地接受，而且要从吃喝拉撒这些常见事情教起，宝宝更容易接受最常见，或者对他们最有帮助的手语。此外，还要配合语言，手语是宝宝说话的基础，在渐渐熟悉手语的同时，让宝宝有意识地将手语与语言结合在一起，感知两者之间的关联，有助于宝宝更快地开口说话。

婴儿手语可减少宝宝因和父母沟通失败造成的挫折感，有助于宝宝清晰表达自己的需求，使亲子关系更为融洽。父母在对宝宝说话的时候，在关键字处稍作停顿，然后做出相应的手势，宝宝会注意到这一点，开始学习自己使用。

这里介绍了一些简单常用的手势，父母可以根据自己和宝宝的实际情况做出调整，重点是与宝宝交流，所以不用拘泥于细节。

各种手势的具体含义	
饿了	拿着奶瓶，用示指轻轻接触嘴巴
渴了	拇指抬起，其余四指微屈形成奶瓶的形状，然后做出“喝”的动作
还要	手指反复聚拢，碰撞到一起
没了	屈臂放于胸前，手掌心朝上，从下到上向两侧挥动
冷	夹紧双臂，紧贴身体两侧，伴随脸部颤抖
热	用手扇风，不停地吹气，就像要把水吹凉时所做的动作一样
疼痛	用示指画出疼痛的区域，做痛苦的表情
换尿布	轻轻拍拍自己的臀部，再拍拍宝宝的小屁屁
洗澡	双手摩擦自己的身体，再做出擦后背的动作
打电话	做出“六”的手势，然后放在耳边说“喂”
出去逛逛	做出穿衣服戴帽子的动作，然后用手指指朝向门口做出走的动作
睡觉	双手合十放在头部左侧，然后将头靠在手上，做睡觉状
安静	用示指竖放在嘴唇上，然后发出“嘘”的声音
刷牙	露出门牙，示指平伸做出刷牙动作
鸟	双臂展开上下挥动，做出挥动翅膀的样子
谢谢	将双手握在一起成一个拳头，上下晃动

第九章

宝宝9个月啦，会扶站了

diyijie
第一节

这样看宝宝的生长发育指标

宝宝的发育指标

9个月	男宝宝	女宝宝	9个月	男宝宝	女宝宝
体重	约9.12千克	约8.49千克	头围	约45.13厘米	约43.98厘米
身长	约71.51厘米	约69.99厘米	坐高	约45.74厘米	约44.65厘米

宝宝的发育特点

1．爬行时可以腹部离开地面。
2．能自发地翻到俯卧的位置。
3．能自己以俯卧位转向坐位。
4．宝宝能用拇指和示指捏起小球。
5．能够理解简单的语言，模仿简单的发音。
6．语言和动作能联系起来。
7．能用摇头或者推开的动作来表示不情愿。
8．能自己拿奶瓶喝奶或喝水。

小贴士

宝宝开始尝试爬行

发育较快的宝宝这个月已经开始会爬了。但是爬行的姿势会根据宝宝的个体差异而各不相同，所以也没有什么明确标准。一般来说，最初是肚子贴着地，只有手在动，慢慢地就会双膝贴地，肚子离地向前爬行。但是也会有宝宝出现倒着爬、坐着不动、只是趴着的情况等。爬的姿态可谓多种多样。

最佳喂养方案

这个时期宝宝需要的主要营养

9个月时为宝宝补充营养是十分重要的。宝宝此时期的生长十分迅速，需要有全面均衡营养的支持。不同月龄的宝宝，营养成分的配比也是会发生变化的。这时期宝宝摄入的营养成分一定要充足，以适应成长发育的需要。

母乳是一直被崇尚的最经济、最佳的食物，但是宝宝到了9个月，母乳的质量下降，致使其营养成分无法满足宝宝的需要。所以，在此时期提倡加大营养代乳品的比例。营养代乳品的选择十分重要，既要满足宝宝的营养物质需求，又要避免宝宝摄入营养过多导致肥胖。

怎样喂养本月的宝宝

原则上提倡喂母乳12个月以上，但由于宝宝个体差异的原因，并不是每个妈妈都可以做到。如果宝宝在这一阶段完成断奶，在营养方面，妈妈可以以各种方式给宝宝食用代乳食品。

一般来讲，这一时期宝宝的饮食为：每天3～4次配方奶，分别在早7时、下午2时和晚上9时，以及夜间（夜里如果宝宝熟睡也可以不喂），每次约为250毫升。另外要加两次辅食，可安排在上午11时和下午6时，辅食的内容力求多样化，使宝宝对吃东西产生兴趣且营养均衡。在这期间还可以安排宝宝吃些水果或果泥。在食物的搭配上要注意无机盐和微量元素的补充。

这些蔬果是预防宝宝疾病的高手		
萝卜	扁桃体炎：鲜萝卜榨汁30毫升，甘蔗榨汁15毫升，加适量白糖水冲服，每日2次	
	腹胀积滞、烦躁、气逆：鲜萝卜1个，切薄片，酸梅2粒，加清水3碗煎成1碗，去渣取汁加少许食盐调味饮用	
胡萝卜	营养不良：胡萝卜1根，煮熟每天饭后当零食吃，连吃1周	
	百日咳：胡萝卜1根，榨汁，加适量冰糖蒸开温服，每日2次	
冬瓜	夏季感冒：鲜冬瓜1块切片，粳米1小碗。冬瓜去皮瓤切碎，加入花生油翻炒，再加适量姜丝、豆豉略炒，和粳米同煮粥食用，每日2次	
	咳嗽有痰：用鲜冬瓜1块切片，鲜荷叶1张，加适量水炖汤，加少许盐调味后饮汤吃冬瓜，每日2次	
南瓜	哮喘：南瓜1个，蜂蜜半杯，冰糖30克，先在瓜顶上开口，挖去部分瓜瓤，放入蜂蜜、冰糖，盖好，放在蒸笼中蒸两小时即可。每日早晚各吃1次，每次半小碗，连服5～7个月	
土豆	习惯性便秘：鲜土豆洗净切碎后，加开水捣烂，用纱布包挤汁，每天早晨空腹服下一两匙，酌加蜂蜜同服，连续15～20天	
	湿疹：土豆洗净，切碎捣烂，敷患处，用纱布包扎，每昼夜换药4～6次，两三天后便能治愈，治湿疹	
白菜	百日咳：大白菜根3个，冰糖30克，加水煎服，每日3次	
	感冒：大白菜根3个洗净切片，红糖30克，生姜3片，水煎服，每日2次	
葱白	感冒发热：连须葱白1根，大米1把，煮粥，倒1匙醋，趁热吃，每日3次	
	咳嗽：连须葱白5根，生梨1个，白糖2匙。水煎后，吃葱、梨，喝汤，每日3次	

宝宝饮食禁忌

● 不要给宝宝吃过多的鱼松

有的宝宝很喜欢吃鱼松，喜欢把鱼松混合在粥中一起食用，妈妈也喜欢喂给宝宝鱼松，认为鱼松又有营养又美味。虽然鱼松很有营养，但是也不能食用过量。这是因为鱼松是由鱼肉烘干压碎而成的，并且加入了很多调味剂和盐，其中还含有大量的氟化物，如果宝宝每天吃10克鱼松，就会从中吸收8毫克的氟化物，而且宝宝还会从水和其他食物中吸收很多氟化物，导致体内氟化物过量。

● 不要给宝宝吃太多菠菜

有的家长害怕宝宝因为缺铁而贫血，所以，就让宝宝多吃菠菜补充铁。实际上，菠菜含铁量并不是很高，最关键的是菠菜中含有的大量草酸容易和人体内的铁结合成难以溶解的草酸铁，还可以和钙形成草酸钙。

如果宝宝有缺钙的症状，吃菠菜会使佝偻病情加重。所以，不要为了补充铁而给宝宝吃大量的菠菜。

● 不要给宝宝吃过量的西瓜

到了夏天，适当吃点儿西瓜对宝宝是有好处的，因为西瓜能够消暑解热。但是如果短时间内摄取过多的西瓜，就会稀释胃液，可能造成宝宝消化系统紊乱，导致宝宝腹泻、呕吐、脱水，甚至可能出现生命危险。至于肠胃出现问题的宝宝，更不能吃西瓜。

不要给宝宝吃油腻、刺激性的食物	
1	咖啡、可乐等饮料会影响宝宝神经系统的发育
2	花生、糯米等不易消化的食物会给宝宝消化系统增加负担
3	刺激性大的食物不利于宝宝的生长，如辣的、咸的
4	不宜给宝宝吃冷饮，这样容易引起消化不良

disanjie
第三节

宝宝辅食这样做

苹果麦片粥

[材料]

苹果1/3个，麦片20克，清水适量。

[制作]

1 将清水放入锅内烧开，放入麦片煮2~3分钟。

2 把苹果用小匙背部研碎，然后放入麦片锅内，边煮边搅即可。

地瓜泥

[材料]

地瓜20克，苹果酱1/2小匙，凉开水少量。

[制作]

1 地瓜削皮后用水煮软，用小匙捣碎。

2 在地瓜泥中加入苹果酱用凉开水稀释。

3 将稀释过的地瓜泥放入锅内，再用小火煮一会儿即可。

豆腐泥

[材料]

豆腐1/4块，水1/4杯。

[制作]

1 锅置火上，将清水放在锅里，将水煮沸。

2 锅里加入碾碎的豆腐即可。

豆腐粥

[材料]

豆腐1/4块，米饭1/3碗，肉汤1/2杯。

[制作]

1 将豆腐切成小块。

2 锅置火上，将米饭、肉汤、豆腐块和清水一同放入锅里煮，煮至黏稠即可。

水果豆腐

[材料]

豆腐1/4块，香蕉1段，熟草莓1个。

[制作]

1 将豆腐放入开水中煮沸，捞出放入盘中。

2 将香蕉、草莓切碎，将水果碎块放在豆腐上即可。

冬菇蛋黄粥

[材料]

大米粥3匙，鸡蛋1个，冬菇10克，白菜叶5克，牛肉汤汁2/3杯。

[制作]

1 取冬菇的茎部，洗净后再用沸水焯一下，切成粒状。白菜叶洗净后用沸水焯一下，切成碎末。

2 鸡蛋煮熟取出1/2个蛋黄，趁热用勺研磨成泥状。

3 把大米粥和牛肉汤汁放入锅里用大火煮。

4 当水开始沸腾后把火调小，然后把冬菇粒、白菜叶碎末和蛋黄放入锅里边搅边煮，待大米粥熟烂为止。

栗子蔬菜粥

[材料]

大米粥两匙，栗子10克，地瓜10克，西蓝花5克，海带汤150毫升。

[制作]

1 地瓜和栗子蒸熟后，去皮捣碎。西蓝花用开水烫一下后，去茎部捣碎菜叶。

2 把大米粥和海带汤倒入锅里大火煮开后，放入地瓜、栗子、西蓝花再调小火充分煮开。

disijie

第四节

日常护理指南

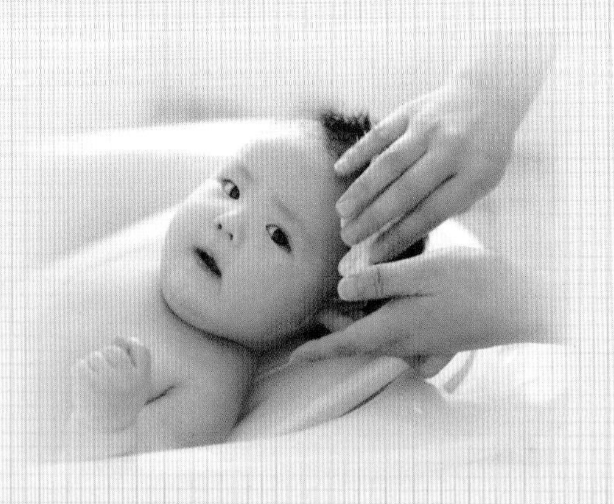

排便护理

这个月龄的宝宝已经能吃很多代乳食品了，所以宝宝的大便会有臭味了，颜色也更深了。有的宝宝每天排便一两次，有的宝宝两天排便一次。有的宝宝已经能够很好地利用便器了，一般也会很好地配合家长使用便器。

这个月龄的宝宝小便次数减少了，很多宝宝小便也能很好地利用便器了，所以，家长要注意对宝宝进行排便训练。

睡眠护理

这个月龄的宝宝大多会睡午觉，睡午觉的时间并不相同，大多数宝宝会睡一两个小时，当然也有一刻也不睡的宝宝，这样的宝宝多为好动的宝宝，即使睡觉也会睡得很短。在睡眠时间上，一般宝宝会晚上9点左右睡，早上7~8点起来。

这个月龄的宝宝已经没有被妈妈的乳房压迫导致窒息的危险了，所以，是可以母婴同睡的。尤其是在寒冷的冬季，母婴同睡可以更方便地照顾宝宝，使宝宝可以很快地入睡。只是宝宝晚上若经常起来玩，会影响父母第二天的工作。

diwujie

第五节

做宝宝最棒的家庭医生

不能自取鼻腔异物

要预防鼻腔异物，首先是教育宝宝不要将异物塞入鼻内。宝宝学会爬行后，家长要把宝宝可以拿到的、危险的东西，如玻璃球、纽扣、吃完水果的果核、别针、花生、利器等物品放到宝宝不易拿到的地方。不让宝宝到昆虫多的地方玩耍，吃饭时不要说话，更不要说一些逗宝宝大笑的笑话。

如果发现宝宝出现鼻腔异物，家长应立即将宝宝送往医院治疗。不要自行去取鼻腔异物，尤其不要用镊子夹取。因为有些圆滑的异物如果夹取不住滑脱，可将异物推入鼻腔后端，甚至滑入鼻咽或气管内，而造成气管异物。

腮腺炎的治疗护理

应给宝宝吃些容易咀嚼、消化的食物：唾液腺发炎减少唾液的分泌而导致消化能力下降，同时两颊肿大又造成咀嚼食物困难，应该考虑给宝宝吃些如汤、软面条等易咀嚼的食物。此类食物易残留口中，因此还应注意饭后口腔清洁。

肿痛时可适当用冷却法：可以用冷毛巾敷肿痛部位，发炎期间避免外出，在家静养。退热1日后再洗澡。为防止并发症的发生应前往医院就诊。根据医嘱适当使用一些镇痛剂等。

不可盲目为长牙晚的宝宝补钙

正常情况下，宝宝出生之后6～7个月就开始长牙，有些妈妈看到自己的宝宝到本阶段还不长牙，就十分着急，并片面地认定是宝宝缺钙而导致的。于是妈妈就会急切且盲目地为宝宝补充钙和鱼肝油。殊不知，只凭宝宝的长牙早晚并不能确定宝宝缺钙与否，而且就算宝宝真的缺钙，也要在医生的指导下给宝宝补充钙质。一旦给宝宝服用过量的鱼肝油和钙质，就极有可能引发维生素中毒，使宝宝的身体受到损害。

宝宝长牙的早或晚，通常由多方面的因素导致，虽然也与缺钙有关，但缺钙并不是主要原因。只要宝宝没有什么其他的毛病，身体各方面都很健康，那么哪怕宝宝到1岁的时候才开始长牙，家长也无需担心，只要保证宝宝日常需要的营养就可以了，绝不可盲目地为宝宝补充过量的鱼肝油和钙。

带宝宝外出时的注意事项

带宝宝外出时的注意事项	
不要让学步宝宝在马路上走	刚学会走路的宝宝步子还不稳，所以，最好还是由妈妈抱着，不要让宝宝自己在马路上走
坐推车时要给宝宝系安全带	妈妈要记得，宝宝一坐上推车就要给他系上安全带
坐公交车时不要与人挤	坐公交车时，上车的时候如果人比较多，带宝宝的妈妈可以最后上车，以免宝宝在拥挤混乱中受伤；把宝宝抱在手上是比较方便安全的方法
不要让宝宝把手和头伸到窗外	带宝宝坐私家车最好关上窗户，或由成年人时刻在旁边照看着，不让宝宝将头和手伸到窗户外面
让宝宝坐在后排的安全座椅上	只有让宝宝坐在安装在后排的安全座椅上，才能保护好宝宝的颈部和胸部，把意外伤害降到最低
下车时，记得拔下车钥匙	车门有自动落锁功能的车，父母更要谨慎，即使是暂时离开一小会儿，也要记得把钥匙拔下，以避免发生宝宝和车钥匙都被锁在车里的情况

diliujie
第六节

我家的宝宝最聪明

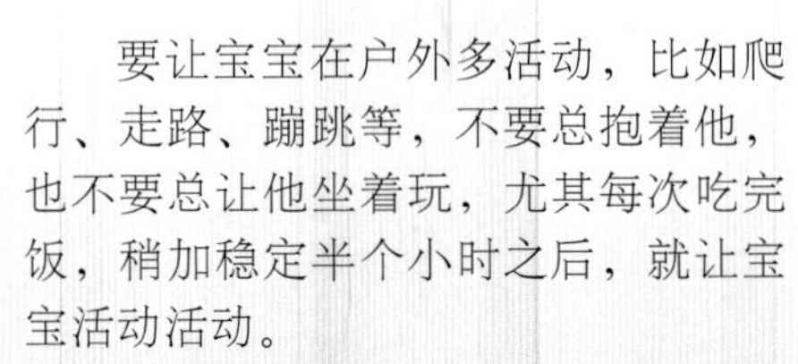

适当增加户外活动

户外活动的重要性毋庸赘述，加强户外活动的好处是妈妈们都知道的。即使冬天，在不太恶劣的天气里，在注意保暖的情况下，适当地让宝宝接触室外冷空气，也是非常必要的。

户外天地广阔，阳光充足，空气新鲜，宝宝在大自然中游玩，有助于激发宝宝的好奇心和探索的欲望，也是帮助宝宝喜爱大自然的好方法，这适合于每一个宝宝，对那些在城市中长大的宝宝来说，尤其重要；而且父母和宝宝一起在户外玩，还可以增进家庭亲密关系。嫩嫩的小草、硬硬的树枝、香气扑鼻的花儿，这些感受都无法在封闭的室内环境中得到。

从健康角度来看，充分利用自然界的空气、阳光和水，可增加机体对外界环境的适应能力；日光中的红外线能扩张皮肤血管，紫外线可杀菌，适当地接受阳光照射，还可促进宝宝新陈代谢和生长发育，预防佝偻病和贫血。户外活动还可提高呼吸道黏膜抗病能力。

要让宝宝在户外多活动，比如爬行、走路、蹦跳等，不要总抱着他，也不要总让他坐着玩，尤其每次吃完饭，稍加稳定半个小时之后，就让宝宝活动活动。

需要注意的是，户外活动时衣着不宜过多，有的妈妈或爸爸总担心宝宝受凉，每次外出时给宝宝穿上大衣，戴上帽子、口罩、围巾等，全身捂得严严实实。这样做的结果，会使宝宝的身体无法接触空气和阳光，而且容易大汗淋漓，导致着凉。如果宝宝活动之后流汗，要注意不要吹风，适量地出汗对宝宝的身体有好处。

宝宝进行户外活动的时间还应根据季节变化、气温的高低、宝宝适应的情况作相应的调整，如在夏季，可在上午10点前、下午4点后，在户外阴凉处睡眠和玩耍。冬季可在上午9点后到下午3点前进行户外活动。

父母应该根据天气情况，选择晴朗无风的天气，不要让阳光直接照晒在宝宝的头部或脸部，要戴上帽子或打着遮阳伞，特别要注意保护好宝宝的眼睛。户外活动的次数和时间应当循序渐进，开始时每天1次，适应后可增加至每天2～3次，每次从几分钟开始，以后可增加到1～2个小时。

加强社会交往能力

现在的孩子多为独生子女，不少孩子不善交际，甚至有的孩子会有“交际恐惧症”。有专家指出，很多独生子女的心理问题是由于处理不好人际关系造成的。还有社会学家指出，以自我为中心的独生子女进入婚恋年龄后将会引起离婚率上升或带来更多的家庭问题。交往能力是一个人生活快乐与事业成功的基础。

孩子在成长过程中，对环境的适应以及与人的交往，都需要成人恰当的引导，做家长的应设法帮助孩子在婴幼儿期过良好的社交生活，这样，他们将来才能成为一个快乐、积极、自助、助人、合群、谦让的能适应社会的人。下面给家长提供几个培养孩子社交能力的基本原则：

首先要为孩子树立良好的榜样，父母待人的态度、为他人设想的习惯以及日常的行为礼节，如说“早安”“谢谢”“对不起”“请”等简单的礼节性话语，是给孩子最直接、最重要的示范。

其次要给予孩子游戏机会，让孩子模拟社交行为，在游戏中可以培养孩子分工合作的态度、勇敢的精神、公平来往的行为，让孩子学会对他人尊重等。

再次就是多带孩子去公共场所，在实践中教孩子如何待人接物。家长应鼓励孩子参加各种活动，并在这些活动中教他们一些最简单的社交礼节。不同的公共场合，有不同的社交秩序和规则。家长平常外出办事时，如果不是特别紧急，不妨带上孩子，让孩子体验各种社交场所的规则。

此外，还要注重培养孩子的责任感。责任感是良好社交行为的基础，一个没有责任感的人，即使他再懂得社交活动中的礼节，也不会受人欢迎。

在日常生活细节中，父母要注意培养孩子这方面的能力，如多鼓励孩子参加各种体育活动，有意识地指导孩子购物，带孩子去看望亲戚、参加朋友聚会，给孩子独自做客、待客的机会，教给孩子人际交往的知识和礼仪，训练孩子具有良好的口语表达能力等等。

理解和培养好奇心

心理学家们对好奇心的定义是：个体对新异刺激的探究反应。正是人类对世界的好奇心，才促进了整个人类群体的向前发展。特别是婴幼儿时期的宝宝，好奇心更强，他们总是希望洞察和探究一切他所接触到的事物。好奇、好动，喜欢探索周围事物的奥秘，这是宝宝学习的原动力。父母要抓住这一时期培养宝宝的好奇心。

要培养宝宝的好奇心，首先父母要抓住不同年龄宝宝的好奇心特点：

在9个月左右的时候，宝宝开始进入一个好奇心极其强烈的时期，宝宝一旦学会了爬，就会立刻致力于对周围环境的探索，开始对外部事物表现出好奇心。家长可以开始对宝宝进行认知、语言、交往、运动等方面能力的培养。

宝宝的运动机能发育非常迅速，手指的运动越来越自如，只要手够得到的东西，他一定要用手去抚摸、敲打一番，甚至塞到嘴里咀嚼品尝。这一时期宝宝的好奇心和模仿欲都很强，常常会目不转睛地盯着身边的人以及他们手中的物品，一心一意地模仿。

由于1岁前宝宝处于口欲期，什么东西都喜欢去咬一咬，因此要保证宝宝所接触物品的卫生，要尽量把宝宝活动的房间整理干净，最好要有一块较大的空间让他自如地活动，使宝宝在爬行时不会有阻碍。父母平时可以不同的方式来和宝宝一起玩各种玩具，如摇晃、捏、触碰、敲打、掀、推、扔、取、传递等，使宝宝从游戏中学到手的各种技能。

1~2岁的宝宝有抛扔物品的好奇心。这一时期宝宝逐渐从爬过渡到行走，这意味着他的活动空间更为广阔了，这个时期最明显的特征是喜欢出门玩，汽车、玩具车、气球等能牢牢地吸引宝宝的好奇心。由于对移动的物体产生了兴趣，宝宝对于物体的“飞行”也投以巨大的好奇心，往往喜欢用不同的力气、不同的角度扔不同的东西，以便观看不同的“飞行轨迹”。

抓住了婴幼儿不同时期好奇心的特点，父母可对症下药，充分利用宝宝的好奇心来培养宝宝的各种能力，父母要理解和呵护宝宝的好奇心，不能过度干涉和控制。

第十章

宝宝10个月啦，模仿能力超级强

diyijie

第一节

这样看宝宝的生长发育指标

宝宝的发育指标

10个月	男宝宝	女宝宝	10个月	男宝宝	女宝宝
体重	约9.40千克	约8.80千克	头围	约45.60厘米	约44.50厘米
身长	约73.01厘米	约71.03厘米	坐高	约46.11厘米	约45.42厘米

宝宝的发育特点

1．能从坐姿扶栏杆站立。

2．爬行时可向前也可向后。

3．宝宝扶着栏杆能抬起一只脚再放下。

4．拇指、示指能协调较好，拿捏小球的动作越来越熟练。

5．会抓住匙子。

6．想自己吃东西。

7．能区分可以做和不可以做的事情。

8．懂得常见人和物的名称。

9．能有意识地叫“爸爸”和“妈妈”。

小贴士

宝宝开始说简单的重复字

这个时期宝宝还不会说出一句完整的话，但是可能会说简单的重复字：爸爸、妈妈、奶奶……如果能说出“吃吃、撒撒”就相当不简单了。有的宝宝会说一些莫名其妙谁也听不懂的话，这是宝宝学习语言中常见的现象，这时候，妈妈应该努力地去领会宝宝的意思，积极地和他交流，并借此机会教宝宝正确的发音。

最佳喂养方案

这个时期宝宝需要的主要营养

10个月的宝宝逐渐调整为一日三奶、二餐和一次水果的标准。可以选择的食物有很多，以粮食、奶、蔬菜、鱼、肉、蛋、豆腐为主的食物混合搭配，这些食物可以提供宝宝生长发育所需的营养元素。如果此阶段宝宝体重增长过快，就应该对其饮食加以控制，每天配方奶供应量不可超过1000毫升，粥也不应超过1碗。

● 什么是DHA

DHA又叫作二十二碳六烯酸，是人体中重要的不饱和脂肪酸，主要存在于视网膜及大脑皮质，是促进大脑功能以及视力正常发育的重要物质。DHA对于增强宝宝记忆与思维能力，提高智力等作用尤其显著。

0~1岁是宝宝脑发育的黄金期，错过了这个黄金期，再补充任何营养只会事倍功半。因此，家长需要在这一阶段为宝宝脑部发育提供高质量的营养。

● 怎样为宝宝补充DHA

DHA只存在于鱼类及少数贝类中，其他食物几乎不含DHA，因此要想使宝宝获得足够的DHA，最简便有效的途径就是吃鱼，而鱼体内含量最多的是眼窝部分，其次是鱼油。另一种方式是通过补充强化DHA的营养品。

怎样喂养本月的宝宝

经常给宝宝吃各种蔬菜、水果、海产品，可以为宝宝提供维生素和无机盐，以供代谢需要。适当喂些面条、米粥、馒头、小饼干等以提高热量，达到营养平衡的目的。经常给宝宝搭配动物肝脏以保证铁元素的供应。

给宝宝准备食物不要嫌麻烦，烹饪的方法要多样化，注意色香味的综合搭配；要细、软、碎，注意不要煎炒，以利于宝宝的消化。

辅食的内容力求多样化

原则上提倡喂母乳12个月以上，但由于个体差异的原因，不是每个妈妈都能做到。如果宝宝在这一阶段完成换乳，在营养方面，妈妈应以各种方式给宝宝食用代乳品。一般来讲，这一时期宝宝的饮食为：每天3次母乳或奶粉，分别在早6时、下午2时、晚上10时，每次约为250毫升。另外要加2次辅食，可安排在上午10时和下午6时，辅食的内容力求多样化，使宝宝对吃东西产生兴趣且营养均衡。在这期间还可以安排吃些水果或果泥。在食物的搭配上要注意无机盐和微量元素的补充。

食物可从全粥晋级到软饭了

10个月的宝宝，食物可从全粥晋级到软饭了，选择纤维多的蔬菜，取菜尖部分，设法切成让宝宝容易入口的大小。要注意让宝宝的营养均衡，每餐都要供应主食、蛋白质、蔬菜，比例大约为10∶3∶4。

小贴士

给宝宝选择营养强化食物

处于换乳期的宝宝，比较容易缺乏维生素A、维生素D、维生素B_2和钙、铁等无机盐。妈妈可以去买一些换乳期配方食品，这些食品大多是多种营养强化的，是为了增加营养而加入了天然或人工合成的营养强化剂的宝宝食品。购买时要根据厂家、食品说明来挑选，要买符合国家标准的食品。

如何给宝宝挑水果

● 挑选当季水果

挑选水果时以选择当季的新鲜水果为宜。现在我们经常能吃到一些反季节水果，但有些水果，如苹果和梨，营养虽然丰富，可如果储存时间过长，营养成分也会丢失得厉害。所以，最好不要选购反季节水果。

购买水果时应首选当季水果；每次购买的数量也不要太多，随吃随买，防止水果霉烂或储存时间过长，降低水果的营养成分；挑选时也要选择那些新鲜、表面有光泽、没有霉点的水果。

● 水果不能随便吃

水果并不是吃得越多越好，每天水果的品种不要太杂，每次吃水果的量也要有节制，一些水果中含糖量很高，吃多了不仅会造成宝宝食欲缺乏，还会影响宝宝的消化功能，影响其他必需营养素的摄取。

有一些水果不能与其他食物一起食用，比如，番茄与地瓜、螃蟹一同吃，便会在胃内形成不能溶解的硬块儿。轻者造成宝宝便秘，严重的话这些硬块不能从体内排出，便会停留在胃里，致使宝宝胃部胀痛，呕吐及消化不良。

小贴士

水果要与宝宝体质相宜

要注意挑选与宝宝的体质、身体状况相宜的水果。比如，体质偏热容易便秘的宝宝，最好吃寒凉性水果，如梨、西瓜、香蕉、猕猴桃等，这些水果可以败火；如果宝宝体内缺乏维生素A、维生素C，那么就多吃杏、甜瓜及柑橘，这样能给身体补充大量的维生素A和维生素C；宝宝患感冒、咳嗽时，可以用梨加冰糖炖水喝，因为梨性寒，能够生津润肺，可以清肺热，但如果宝宝腹泻就不宜吃梨。

disanjie

第三节

宝宝辅食这样做

马铃薯泥

[材料]

马铃薯1/4个，清水30毫升。

[制作]

1 将马铃薯煮软后去皮。

2 用匙将马铃薯碾成细泥后加清水拌匀即可。

牛肉菜花粥

[材料]

大米2匙，牛肉10克，菜花5克，清水3/4杯。

[制作]

1 将牛肉切成小粒，菜花切碎。

2 把牛肉放锅里炒，炒到肉快熟时把大米粥、菜花粒和清水一起放入锅里用大火煮。

3 当水沸腾后把火调小，煮到大米粥烂熟为止，然后熄火即可。

奶酪粥

[材料]

大米粥1小碗，奶酪5克。

[制作]

1 将奶酪切成小块。

2 粥煮开，将奶酪块放入粥中，等奶酪融化后关火即可。

肝末番茄

[材料]

猪肝50克，番茄1个，葱一小段。

[制作]

1 将猪肝洗净剁碎，番茄洗净用开水略烫一下剥去皮切小块，葱切碎。

2 锅置火上，将猪肝、葱末同时放入锅内，加入清水煮沸，然后加入番茄即可。

花生粥

[材料]

花生20粒，大米粥1碗。

[制作]

1 将花生炒熟后用擀面杖碾成细末。

2 锅置火上，将大米粥煮熟，将花生末放入粥中搅拌均匀即可。

disijie
第四节

日常护理指南

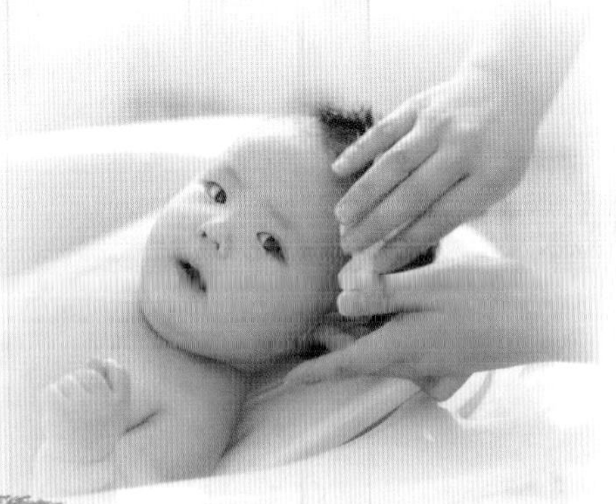

为不同月龄宝宝选购合适的积木

● 0～12个月：色彩鲜艳的布积木

12个月之前最好给宝宝选择趣味性积木，如布积木，它柔软，有鲜艳的颜色，还有动物或水果等图案，主要训练宝宝小手的抓握能力，以及感知颜色，认识物体、发展触觉等，而且布积木不会碰伤宝宝。

● 12～18个月：轻巧的积木

1岁多的宝宝空间意识正在形成，开始会将积木一层层搭高。但是这个年龄段的宝宝，身体控制能力、手眼协调能力还不是很好，因此，要选择轻巧的积木，防止积木倒塌砸伤宝宝。

积木块不要太大，便于宝宝的小手抓握。如果积木上有小狗、小猫或小娃娃的家等装饰图案，就更能引起宝宝的兴趣。

宝宝穿衣要舒适

● 不要穿得太多

给宝宝穿衣不要穿得太多，越多不见得越保暖，关键是看衣服的质地、舒展性等。

冬天一般在室内，衣服的穿法是，上身：内衣+薄毛衣+厚毛衣；下身：内裤+薄毛裤+厚毛裤，外出再加上外套和外裤。

● 穿衣大小要合适

不要给宝宝穿太大的衣服，尤其是袖子不宜过长；裤子、鞋子都不宜太长、太大，否则会影响宝宝活动。一般来说，衣服可在宝宝身长的基础上长5～6厘米，这样有些外套衣服可以穿两个季节。因此，平日衣服不要穿得太多，一般和大人穿得一样或多一件就足够了。

● 面料最好是纯棉

纯棉的织物比较柔软、透气，化纤原料常会引起过敏；毛料虽然是天然品，但是比较粗糙，容易对宝宝的肌肤产生刺激，因此，宝宝的衣物选择以纯棉的比较好，化纤原料可选做防风、防雨的风衣，毛料做外套比较理想。

diwujie

第五节

做宝宝最棒的家庭医生

小心宝宝过敏

● 食物过敏

主要表现：呕吐、腹泻、腹痛、皮疹。

预防措施：

1．以牛乳制成的配方奶可以引起某些月龄不足6个月的宝宝消化道过敏症状，应该仔细观察，过敏后及时停止饮用；

2．正在哺乳的妈妈应忌食辛辣、刺激性食物及海鲜等不易消化的食物，以免间接引起宝宝不适。

3．许多食物都可引发过敏，包括鸡蛋清、豆类、坚果等异类蛋白质和某些香料，不应食用。

● 皮肤过敏

主要表现：湿疹、荨麻疹。

预防措施：

1．鱼、虾、蟹、牛肉、羊肉、鸡蛋等均可能是致敏原或加重过敏症状，因此，宝宝饮食务求清淡、无刺激。

2．保持室内清洁卫生、通风，因为日光、寒冷湿热等因素也是诱因之一。

3．洗澡水温不要太高，不要用碱性过强的浴液和香皂。

4．衣服材质应避免人造纤维、丝织品。

学步期不可忽视的安全措施

● 在地面铺上软地毯

宝宝学步时，摔跤是常有的事。在地面铺上一层地毯或泡沫地垫，这样，即使宝宝摔跤也不容易摔伤或摔疼了。

● 注意家具的安全隐患

宝宝刚开始学步时，很难控制自己的重心，一不小心就有可能摔倒。需给家具的尖角套上专用的防护套，以防宝宝受伤；也可以将家具都靠边摆放，从而为宝宝营造一个比较安全和宽敞的空间。

● 给插座盖上安全防护盖

宝宝学步后，活动的范围一下增大了，再加上宝宝总是充满好奇心，看到新奇的事物总爱伸手触摸一下。

为防止宝宝伸手碰触插座，一定要给插座盖上专用的安全防护盖，以防宝宝触电。

● 收拾好危险物品

宝宝总是顽皮好动，一些由玻璃等易碎材料做成的小物件，或是如打火机、火柴、刀片之类的危险物品，以及易被宝宝误食的小药丸、小弹珠和易被宝宝拉扯下来的桌布等东西都要收起来，以防宝宝发生危险。

● 家中常备常用急救药物

创可贴、红药水、绷带、消炎粉等外伤急救药品要家中常备，万一宝宝摔伤，可以立刻止血或给伤口做简单的处理。

● 为宝宝穿上防滑的鞋袜

父母可以为宝宝购买学步的专用鞋，这样既能够保护宝宝的双脚，保证足部的正常发育，又能很好地防止滑跤。

若是室内需脱鞋的家庭，要为宝宝穿上防滑的袜子，以防宝宝在地板上滑倒。

● 列出救援电话

紧急救援的电话号码要贴在明显处或电话机旁，一旦发生紧急情况，家人，尤其是家中独自带宝宝的老人，可以立刻寻求帮助。

dilliujie
第六节

我家的宝宝最聪明

继续培养宝宝两指对捏能力

这个月的婴儿基本上已经可以很精确地用拇指和示指、中指捏东西，对任何小物品使用这种捏持技能。拇指、示指对捏是人类特有的一种高级的动作，它标志着大脑的发展水平，对促进手指的灵活性和精确性有重要意义，要力求做到精确完美。

因此，父母要继续培养宝宝的这种能力，从而提高宝宝捏取物品的速度，扩大捏取物品的范围，提高捏取动作的熟练程度。

10个月前后正是发展拇指、示指对捏动作的关键时期，父母一定要抓住这个时机积极进行训练。首先是要让宝宝多练习捏取小的物品，如小葡萄粒、爆米花等，如将小儿抱起，在桌上的盘子内放几粒珠子糖、小豆子、大米花、葡萄干或其他小型颗粒，让宝宝注视，再用手去摆弄、捏取。每日可训练数次，让宝宝从拇指、示指扒取，发展至用拇指和示指相对捏起。

刚开始可给宝宝选择一个颗粒稍微大一点的东西让他捏取，如蚕豆、大颗糖粒等。随着宝宝手指灵活性和捏取能力的上升，可逐渐选择一些更小的物品让他捏取，如荷兰豆、钮扣、小珠子等。

还可以鼓励宝宝自己打开瓶盖，把玩具放进去和拿出来，用示指深入洞内钩取小物品，两手对敲玩具等。在做这种游戏时，要有大人陪同小孩，以免他将这些小物品塞进口或鼻腔，进而发生危险。

如何让宝宝学会分享

分享是一种意识、一种能力、一种品质，宝宝的分享行为不是天生的，需要后天的引导、教育。学会分享是宝宝成长过程中的一项本领，需要父母的引导和教育。那么，怎么教会宝宝学会分享呢，这里给出几点建议：

1.赞扬宝宝与人分享的行为。

2.灌输互惠原则，让宝宝理解分享的意义。

3.鼓励他：“你是一个善良的、懂事的宝宝，很爱帮助别人”。

4.生活中的言传身教。

5.不要拒绝其他宝宝的友好。

第十一章

宝宝11个月啦，有点会走了

diyijie 第一节

这样看宝宝的生长发育指标

宝宝的发育指标

11个月	男宝宝	女宝宝	11个月	男宝宝	女宝宝
体重	约9.66千克	约9.08千克	头围	约46.09厘米	约44.89厘米
身长	约74.27厘米	约72.67厘米	坐高	约47.14厘米	约46.06厘米

宝宝的发育特点

1．能独站10秒钟左右。

2．大人拉着宝宝双手，他可走上几步。

3．穿脱衣服时能配合大人。

4．能用手指着自己想要的东西说“拿”。

5．喜欢拍手。

6．可以打开盖子。

小贴士

宝宝肢体语言表达的意思

宝宝有一些先天的肢体语言，常见的有撅嘴，表示“我不开心”；笑，表示“我很高兴”；哭喊则表示“你没有满足我的要求”或“厌烦”；打哈欠表示“我困了，想睡觉”，或者“我感到很无聊”；身体打颤，表示“我觉得很冷”；用手推开物品，看见某些食物会避开脸，表示“快拿走，我不想要”；手伸向某物品，用手指指点某样东西向父母表示要求或示意“我想要这个”等等。

最佳喂养方案

这个时期宝宝需要的主要营养

11个月的宝宝，差不多适应以一日三餐为主、早晚配方奶为辅的饮食模式。宝宝以三餐为主之后，家长就一定要注意保证宝宝饮食的质量。宝宝出生后是以乳类为主食，经过将近一年的时间终于完全过渡到以谷类为主食。米粥、面条等主食是宝宝补充能量的主要来源，肉泥、菜泥、蛋黄、肝泥、豆腐等含有丰富的无机盐和纤维素，促进新陈代谢，有助于消化。

宝宝的主食有：米粥、软饭、面片、龙须面、馄饨、豆包、小饺子、馒头、面包、糖三角等。每天三餐应变换花样，增进宝宝食欲。

怎样喂养本月的宝宝

这一时期宝宝已经能够适应一日三餐加辅食，营养重心也从母乳转换为普通食物，但家长需要注意的是，增加食物的种类和数量，还要经常变换主食，要使粥、面条、面包、点心等食物交替出现在宝宝的餐桌上。做法也要更接近婴儿食品，要软、细，做到易于吸收。

合理给宝宝吃点心

点心的品种有很多，蛋糕、布丁、甜饼干、咸饼干等都是点心，都可以给这个月的宝宝吃，但是不能给宝宝吃得太多，这样容易造成宝宝不爱吃其他食物。点心一般都很甜，所以，要注意清洁宝宝的牙齿，可以给宝宝温水喝，教宝宝漱口、刷牙。

养成良好的进餐习惯

● 避免挑食和偏食

每餐主食、鱼、肉、水果搭配好，鼓励宝宝多吃些种类，并且要细细咀嚼。饭前不给吃零食，不喝水，以免影响食欲和消化能力。

● 训练宝宝使用餐具

训练宝宝自己握奶瓶喝水，喝奶，自己用手拿饼干吃，训练正确的握匙姿势和用匙盛饭，为以后独立进餐做准备。

● 按时进餐

宝宝的进餐次数、进餐时间要有规律，到该吃饭的时间，就应喂他吃，吃得好时就应赞扬他，若宝宝不想吃，也不要强迫他吃，长时间坚持下去，就能养成定时进餐的习惯。

● 培养饮食卫生习惯

餐前都要引导宝宝洗手，围上围嘴，培养宝宝爱清洁、讲卫生的习惯。吃饭时不要玩，大人不要和宝宝逗笑，不要分散宝宝的注意力，更不能让宝宝边吃边玩。

小贴士

给宝宝吃点心要定时定量

点心不能宝宝想吃的时候就给，最好定时，下午3时左右，宝宝喝牛奶的时候给宝宝吃点心是可以的。但是过胖的宝宝最好不要吃这些点心，可以给宝宝吃一些水果。

注意钙和维生素D的补充

本阶段的宝宝正处在长牙的高峰时期，而钙和磷可促进人体的骨骼和牙齿的生长发育，因而本阶段妈妈要注意在饮食上多喂宝宝吃一些含钙较高的食物。

一般情况下，比较适宜宝宝的生长发育的钙与磷摄入的比例为1.5：1。妈妈在给宝宝添加辅食时应多选用含有大量钙与磷的食物，如奶制品、虾皮、绿叶蔬菜、豆制品、蛋类等。

宝宝辅食这样做

鱼肉泥

[材料]

鲜鱼50克，盐适量。

[制作]

1 将鲜鱼洗净，去鳞和内脏。

2 将收拾好的鲜鱼切成小块后放入水中，加少量盐一起煮。

3 将鱼去皮、刺，用汤匙挤压成泥状即可。

菠菜蛋黄粥

[材料]

菠菜3根，蛋黄1个，软米饭1/2碗，肉汤汁、清水各适量。

[制作]

1 将新鲜菠菜洗净，用开水烫后切成小段，放入锅中，加少量清水熬煮成糊状备用。

2 把蛋黄和汤汁放在一起搅拌均匀后用滤勺过滤。

3 把搅拌好的蛋黄、肉汤汁和软米饭放入锅里用大火煮。

4 当水沸腾时把火调小，加入菠菜糊边搅边煮，一直到米饭煮烂为止。

牛奶豆腐

[材料]

豆腐1/3块，牛奶1/2杯，肉汤1大匙，碎菜末1匙。

[制作]

1 将豆腐放热水中煮熟后过滤。

2 锅置火上，将豆腐、牛奶和肉汤放在锅里煮，煮好后撒上碎菜末。

煮挂面

[材料]

挂面10克，鸡胸脯肉5克，胡萝卜5克，菠菜1根，高汤1杯，淀粉适量。

[制作]

1 将鸡肉剁碎用芡粉抓好，放入用高汤煮软的胡萝卜和菠菜做的汤中煮熟。

2 加入已煮熟的切成小段的挂面，煮2分钟即可。

胡萝卜番茄汤

[材料]

胡萝卜1/3小根，番茄1/2个，清水适量。

[制作]

1 胡萝卜洗净去皮，研磨成泥。

2 番茄在温水中浸泡去皮，搅拌成汁。

3 锅中放水，水沸后，放入胡萝卜泥和番茄汁，用大火煮开后，改小火至熟透即可。

蔬菜汇粥

[材料]

大米粥1/2碗，西蓝花15克，马铃薯10克，萝卜10克，芝麻2克，少量香油，清水100毫升。

[制作]

1. 西蓝花用开水烫一下并捣碎菜叶部分。将马铃薯和萝卜去皮切成5毫米大小的块状。
2. 把大米粥、西蓝花、马铃薯、萝卜和清水倒入锅里大火煮开，再调小火煮。最后放芝麻和香油再煮一小会儿即可。

芋头稠粥

[材料]

芋头1/2个，肉汤1大匙，酱油少许，大米饭1/2碗。

[制作]

1. 将芋头去皮，切成小块，用盐腌一下再洗净。
2. 锅置火上，将芋头炖烂，用匙子碾碎。
3. 将芋头、肉汤和米饭一同放到锅里煮，边煮边搅拌，煮至黏稠后加酱油调味即可。

disijie
第四节

日常护理指南

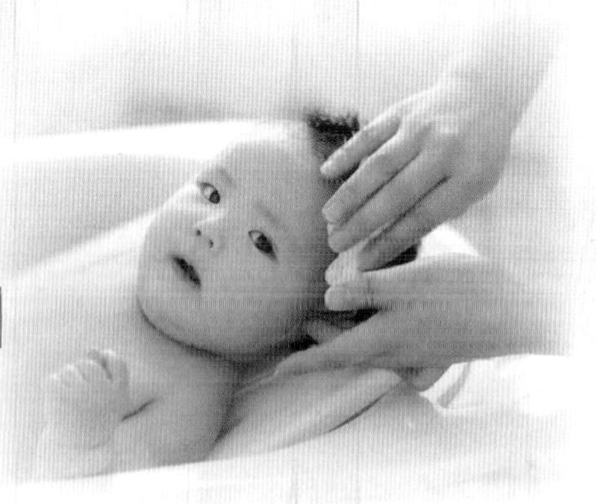

做好宝宝的情绪护理

● 不要过分溺爱

有时候父母的精心呵护反而会“伤”了宝宝。比如，有些父母总怕宝宝走路会摔倒，会累着，于是喜欢用车推着宝宝或是抱着宝宝，这样一来，宝宝活动量小，协调能力、大肌肉的锻炼都不够，活动能力就特别差；宝宝吃饭、穿衣、收拾玩具，家人总是包办代替，会造成宝宝的动手能力和自理能力差；宝宝和小朋友发生争执，父母挺身而出，为宝宝讨公道，这种看似对宝宝的爱，会使宝宝今后生活能力差，社交能力差，不敢面对外面的社会。

正确做法是：放开手，让宝宝自己收拾玩具，自己吃饭，摔倒后自己爬起来，这样能使宝宝更快乐，更有成就感。

● 不要过分专制

有的父母认为管教宝宝就要从小做起，让宝宝绝对服从父母的意志。宝宝想要红色的玩具，妈妈却认为绿色的好看，于是买下绿色的。时间长了，宝宝就会变得畏畏缩缩，从而局限了宝宝的智力发展。

正确做法是：如果宝宝提出的要求合理，尽量尊重宝宝的选择，而不要把大人的思维强加给宝宝。

避免学步车带来的危害

在宝宝10～11个月时，大多数已开始蹒跚学步了。这时很多父母会给宝宝买学步车来帮宝宝学走路，但是学步车在为宝宝学走路提供了便利的同时，也会给宝宝带来一些安全隐患，所以宝宝在使用学步车时也要加强保护。

学步车的各部位要牢固，以防在碰撞过程中发生车体损坏、车轮脱落等事故，而且学步车的高度要适中，车轮不要过滑。为防止翻倒，学步车至少应该有6个轮子。为获得最大的稳定性，轮子所在的底部应该比步行器的高度高。要经常检查学步车的每一个车轮，确保它们能360度地旋转。

要为宝宝创造一个练习走路的空间，这一空间地面不要过滑，不要有坡度，不能有带棱角的东西，不能有凹形凸形的家具，不能有宝宝随手够到的小物品等。宝宝不应该去的地方应有一障碍物阻挡。不要把学步车当成宝宝的“临时保姆”，在宝宝学步期间家长切不可掉以轻心，要随时保护。宝宝的学步时间不宜过长，否则会使宝宝的腿部变形。

diwujie

第五节

做宝宝最棒的家庭医生

宝宝磨牙怎么办

● 对健康的影响

磨牙会使宝宝的面部过度疲劳，吃饭、说话时会引起下颌关节和局部肌肉酸痛，张口时下颌关节还会发出响声，使宝宝感到不舒服。磨牙还会使宝宝咀嚼肌增粗，下端变大，导致脸型发生变化，影响外观。

● 原因及解决方法

1. 宝宝患有蛔虫病，由于蛔虫扰动使肠壁不断受到刺激，也会引起咀嚼肌的反射性收缩而出现磨牙。这时应及时为宝宝驱虫。

2. 宝宝因为白天受到父母的训斥，或是睡前过于激动，而使大脑管理咀嚼肌的部分处于兴奋状态，于是睡着后会不断地做咀嚼动作。这时父母尽量不要给宝宝压力，给宝宝营造一个舒适的家庭环境。

3. 宝宝换牙期间，如果因为营养不良，先天个别牙齿缺失，或是患了佝偻病等，牙齿发育不良，上下牙接触时会发生咬合面不平，也会出现磨牙现象。请口腔科的医生检查一下宝宝是否有牙齿咬合不良的情况，如果有，需磨去牙齿的高点，并配制牙垫，晚上戴后可以减少磨牙。

这样解决宝宝说梦话

● 对健康的影响

经常说梦话的宝宝往往有情绪紧张、焦虑、不安等问题，有时还会影响宝宝的睡眠质量。

● 原因及解决方法

说梦话与脑的成熟、心理机能的发展有较密切的关系，主要是由于宝宝大脑神经的发育还不健全，有时因为疲劳，或晚上吃得太饱，或听到、看到一些恐怖的语言、电影等引起的。如果宝宝经常说梦话，在宝宝入睡前不要让宝宝做剧烈运动，不让宝宝看打斗和恐怖电视。

误服药物后的应急处理

药物种类	举例	应急处理
不良反应或毒性较小的药物	维生素、止咳糖浆	多喝开水，使药物稀释并及时排出体外
有剂量限制的药物	安眠药、某些解痉药、退热镇痛药、抗生素及避孕药	迅速催吐，然后再喝大量茶水反复呕吐洗胃；催吐和洗胃后，让宝宝喝几杯牛奶和3～5枚生鸡蛋清，以养胃解毒
腐蚀性很强的药物	来苏儿或苯酚	让宝宝喝3～5枚生鸡蛋清、牛奶、稠米汤或植物油，从而减轻消毒药水对人体的伤害
碱性药物	复方氢氧化铝、小苏打、健胃片	服用食醋、柠檬汁、橘汁进行中和
酸性药物	葡萄糖酸钙、阿司匹林	服用生蛋清、冷牛奶进行中和
外用药	碘酒	饮用米汤、面汤等含淀粉的液体，以生成碘化淀粉减小毒性，然后反复催吐，直到呕吐物不显蓝色

dilliujie

第六节

我家的宝宝最聪明

鼓励宝宝模仿发音、理解语言

11个月时，宝宝的认知能力也发展较快，乐于模仿大人面部表情和熟悉的说话声，还经常自言自语地说些别人听不懂的话。父母在给宝宝说话时要注意发音吐字清晰准确，用语简练，多给宝宝一些模仿的机会。

这个月的宝宝已经有一定的记忆和发音能力，可与宝宝一起玩模仿动物叫的游戏，让宝宝看着动物玩具或卡片，父母学动物叫，让宝宝跟着学，或让他找出对应的卡片，练习发音。

宝宝很爱听儿歌，已经开始模仿发音了，还会随着儿歌的韵律有节奏地做动作。例如，父母可一面说“小白兔，白又白，两只耳朵竖起来”，一面教他有节律地点头，将两只小手放在头顶上，然后要求他跟着说。宝宝一般会跟着说最后一个押韵的字。如父母说“小白兔”，他会拉着长音跟着说“兔——”，父母说“白又白”，他也会学着说“白——”，因此父母在念儿歌的时候，最好故意给他空出说最后一个字的时间，例如“小白……兔，白又……白”让宝宝跟着节奏感。

每当妈妈炒菜时可跟宝宝说：“妈妈炒菜了，嘶嘶！”当打开水龙头时告诉宝宝：“流水声，哗啦哗啦！”宝宝会跟着妈妈模仿这些声音。

还可让宝宝坐在澡盆里乱打乱拍，妈妈再模仿哗哗的拍水声，引导宝宝也发出“哗哗”声。“宝宝，水花哗哗，跟着妈妈张小嘴。”妈妈也可以给宝宝一个防水又好拍打的玩具，宝宝拿着玩具会拍打更起劲。

每天晚上睡前，父母可给宝宝读一个简单的故事。读故事时要有亲切而丰富的面部表情、恰当的动作及正确的口形，朗读速度相对要慢，发音要准确。

宝宝发音时，父母要及时、积极地鼓励他，要注意听宝宝的发音；当他已能模仿发出不同的单音时，要让他重复他发出的音。

还有一些语言能力发育晚的宝宝，父母不能让他一看见杯子，水就端来了，一指食物，饭就到口了，如果宝宝不会试图模仿说话，也不会学着理解大人的语言，对宝宝的语言发育很不利。

增加提高宝宝自信的小游戏

一个人一生的成败，与他的自信心关系很大，自信心是一个人能力的支柱，也是打开一个人生命潜能大门的钥匙。自信心是从小培养起来的，儿童专家指出，婴幼儿对其周边世界成功控制所产生的自豪与自信将鼓励他们不断探索和尝试。

家长必须明白，宝宝不论将来从事什么职业，做何种伟大事业，要想取得成功，他必须首先成为一个正常的具有善良品性、具有适应能力和自我发展完善能力的人，也就是说，他必须是一个有尊严和自信的人。父母不仅要培养宝宝的文化、技能和为人处世的能力，也要培养宝宝的自信心。

对于不满一岁的婴儿来说，培养其自信心的方法莫过于游戏。在游戏中，父母要给宝宝创造"成功"的机会，让他们感受"成功"的喜悦，父母要及时通过表情、动作或实物鼓励宝宝，激发宝宝的自信心，激发宝宝继续探索。

父母可与宝宝玩模仿双人秀。父母发出滑稽的声音，宝宝会用不同的声音回应父母。父母可以反过来模仿他的声音，表情可以滑稽、夸张些，并赞扬鼓励宝宝继续模仿。宝宝会觉得自己的声音让父母喜欢，很开心地反复模仿。

"积木推推乐"也是提高宝宝自信的一种好游戏。用柔软的积木建造一座塔，让宝宝推倒它，然后重建它，接着让宝宝推倒，让宝宝感觉游戏在他的控制之中，因而很开心。也可鼓励宝宝自己建造一座塔，并夸奖宝宝真棒。

有很多游戏都可提高宝宝的自信，关键是在于父母的态度和教法。也就是在玩游戏过程中，父母要耐心，不能急于求成，更不能责怪宝宝；相反，就算宝宝反应慢，不会配合时，也要及时夸奖宝宝，并用充满热情与爱意的语言鼓励宝宝。

父母要用一种不求"成果"的心态和宝宝快乐游戏，你会发现只要能带给宝宝快乐与欢笑的游戏，都会增加宝宝的信心，而这些快乐大多来自父母的心态与方法。

宝宝开始模仿大人的动作

这时期的宝宝已经学着模仿周围大人的动作，但是限于能力，宝宝只能学个大概，有时候分外搞笑滑稽，让父母哈哈大笑。例如看了父母扫地，宝宝会蹒跚着或扶着墙根去拿着小扫帚扫地，乱扫一通。看到父母擦脸，会拿起毛巾或随便一块布在身上乱擦。

这时父母不要阻止宝宝，而是积极鼓励宝宝模仿，如：当宝宝拿着扫帚乱在地上划的时候，父母可拿起一把扫帚在宝宝眼前做出扫地的动作，或宝宝拿毛巾在自己身上乱擦的时候，父母可拿一块毛巾慢慢地做擦脸或擦手的动作，并鼓励宝宝模仿这些动作。

父母要抓住宝宝爱模仿这个特性，积极训练，平时在生活中，父母要注意强调一些简单的动作，有意让宝宝模仿。如在家里有人大声喧哗时，妈妈可以将示指竖起来放在嘴唇边，发出“嘘嘘”的声音，宝宝多看几次后会自己做出动作，还会理解其中意思。

父母每次将水喝完后，告诉宝宝：“宝宝看，放杯子了！”然后将杯子放回原处，故意将动作放慢，宝宝观察几次后会自己喝完水将杯子放回去。

宝宝会模仿大人的动作了，父母除了要给宝宝模仿的机会外，也要注意自己的行为举止，以便给宝宝树立良好的形象，让宝宝从小模仿大人的良好举止行为，养成举止文雅大方的好习惯。

例如，父母吃饭时要讲究餐桌卫生，不能随便将残渣物质丢到地上，或将骨头、皮根之类的东西随便乱吐；平时垃圾要扔到垃圾桶里，不可随手乱扔；睡觉前要刷牙、洗脸等等。让宝宝从小耳濡目染，养成良好的生活习惯。

第十二章

宝宝12个月啦，已经会迈步子了

diyijie
第一节

这样看宝宝的生长发育指标

宝宝的发育指标

12个月	男宝宝	女宝宝	12个月	男宝宝	女宝宝
体重	约9.80千克	约9.30千克	头围	约46.32厘米	约45.31厘米
身长	约75.52厘米	约74.03厘米	坐高	约47.84厘米	约46.73厘米

宝宝的发育特点

1. 体型逐渐转向幼儿模样。
2. 牵着宝宝的手，他就可以走几步。
3. 可以自己把握平衡站立一会儿。
4. 可以自己拿着画笔。
5. 能用全手掌握笔在白纸上画山道道儿。
6. 向宝宝要东西他可以松手。

小贴士

1岁的宝宝不宜强行断奶

母乳对1岁的宝宝来说还很重要，虽然有的宝宝已经断奶了，不过妈妈如果还有母乳还是继续喂奶较好，没有特殊情况就不要强行戒掉了。

最佳喂养方案

这个时期宝宝需要的主要营养

12个月的宝宝，已经完全适应以一日三餐为主、早晚母乳为辅的饮食模式。米粥、面条等主食是宝宝补充能量的主要来源，肉泥、菜泥、蛋黄等含有丰富的维生素、无机盐，促进新陈代谢，有助于消化。

怎样喂养本月的宝宝

这个月的宝宝最省事的喂养方式是每日三餐都和大人一起吃，加两次母乳。有条件的话，加两次点心、水果，如果没有这样的时间，就把水果放在三餐主食以后。母乳可在早起后、午睡前、晚睡前、夜间醒来时喂奶，尽量不在三餐前后喂，以免影响宝宝进餐。

宝宝饮食禁忌

● 少让宝宝吃盐和糖

12个月之前的宝宝辅食中不应该有盐和糖，12个月之后宝宝的辅食可以放少量盐和糖。盐是由钠元素和氯元素构成的，如果摄入过多，而宝宝肾脏又没有发育成熟，没有能力排出多余的钠，就会加重肾脏的负担，对宝宝的身体有着极大的伤害，宝宝将来就可能患上复发性高血压病。摄入盐分过多，体内的钾就会随着尿液流失，宝宝体内缺钾能引起心脏衰竭。而吃糖会损害宝宝的牙齿。所以，最好给宝宝少添加这两种调料。

● 不要拿鸡蛋代替主食

12个月的宝宝，鸡蛋仍然不能代替主食。有些家长认为鸡蛋营养丰富，能给宝宝带来强壮的身体，所以，每顿都给宝宝吃鸡蛋。

此月龄宝宝的消化系统还很稚嫩，各种消化酶分泌还很少，如果每顿都吃鸡蛋，会增加宝宝胃肠的负担，严重时还会引起宝宝消化不良、腹泻。

多给宝宝吃一些天然食物

相对而言，未经过人工处理的食物营养成分保持得最好。处在婴幼儿期的宝宝正处在身体发育的黄金阶段，所需要的营养很多，而且品质相对也要高很多。但那些经过人工处理过的食物，通常都会流失掉近一半的营养，这对宝宝的成长显然是不利的。更为关键的是，那些已经经过人工处理的食物，往往会人为地添加很多未被确定的物质，而且这些物质大多对人体健康不利。

小贴士

应为宝宝选择天然食物

值得妈妈注意的是，此阶段宝宝的代谢能力还比较弱，如果吃了加工食物，由于无法快速代谢出体外，就会对宝宝的身体健康产生影响，甚至会导致宝宝患上疾病。因而，给宝宝吃的食物最好是未经人工处理的食物，给宝宝做食物时尽量采用新鲜食材和用煮、蒸的做法，尽量避免煎、炸食物给宝宝吃。

disanjie

第三节

宝宝辅食这样做

面糊糊汤

[材料]

面粉10克，冲好的配方奶50克，黄油5克，盐少许。

[制作]

1 将配方奶倒入锅内，用小火煮开，撒入面粉。

2 调匀，加入少许盐，再煮一下，并不停地搅拌。

3 加入黄油，凉凉后即可。

虾肉泥

[材料]

虾肉15克，清水适量，盐少许。

[制作]

1 将虾肉放入加有少许水的锅里煮5分钟后取出，剁成细末。

2 将虾肉放入榨汁机中搅成泥状。

3 在虾泥中加盐和调料可以烹饪后直接食用，也可以放在粥里或者加蔬菜泥一起食用。

芋头粥

[材料]

芋头20克，大米粥1碗。

[制作]

1 将芋头洗净去皮，大火炖。

2 用匙子的背部把芋头碾碎。

3 将碾碎的芋头与大米粥一同混合入锅内，用小火煮一会儿，边搅边煮即可。

营养鸡汤

[材料]

大米粥30克，鸡胸脯肉15克，红枣10克，栗子10克，鸡汤100毫升，水适量。

[制作]

1 鸡胸脯肉、红枣放入锅内加水煮熟后，捞出鸡胸脯肉和红枣捣碎，鸡汤待用。

2 栗子去皮后捣碎。

3 把大米粥、鸡胸脯肉、红枣、鸡汤、栗子倒入锅里小火充分煮开。

鱼肉松粥

[材料]

大米2小匙，鱼肉松适量。

[制作]

1 将大米淘洗干净，开水浸泡1小时，研磨成末，放入锅内，添水大火煮开，改小火熬至黏稠。

2 加入鱼肉松调味，用小火熬几分钟即可。

蛋黄米粉糊

[材料]

鸡蛋1个，肉汤5匙，米粉1匙。

[制作]

1 将鸡蛋煮熟，取蛋黄，捣碎。

2 锅置火上，将蛋黄、米粉和肉汤放入小锅用小火边煮边搅，待呈稀糊状时倒入碗里冷却即可。

双色泥

[材料]

香蕉1/2根，番茄1/3个。

[制作]

1 用小匙将香蕉碾成泥状。

2 将番茄用开水烫一下，剥去皮，碾碎。

3 将两种果泥混合搅匀即可。

蔬菜面线

[材料]

白菜嫩叶1/2片，菠菜叶1片，胡萝卜1厘米厚圆切片1片，面线50克，酱油少许，清水适量。

[制作]

1 将面线切成适当长度，胡萝卜切成细长条状，并将白菜及菠菜剁碎。

2 将水加热至沸腾后，放进面线及胡萝卜煮至熟软。

3 再加进白菜及菠菜，待菜叶煮至熟软后加入少许酱油调味即可。

disijie
第四节

日常护理指南

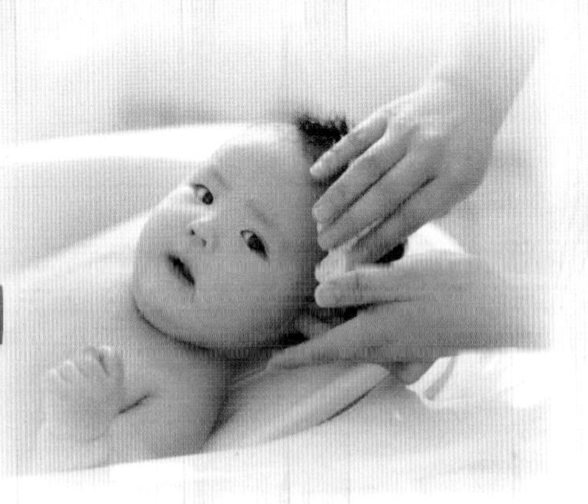

不同阶段的牙刷

● 指套牙刷

宝宝嘴里残留的奶水、辅食等，都是细菌的营养液。细菌滋生，轻者引起口臭，重者可能引起口腔疾病，因此，最好每次宝宝吃东西后都能清洁口腔。

宝宝没长牙或刚开始长牙时，全硅胶制成的指套牙刷是最合适的工具。

● 纱布牙刷

当宝宝出4～12颗比较好的选择是用纱布牙刷，非常的耐啃咬，而且价格上比软毛牙刷要便宜，经常更换价格也可以承受。

● 硅胶牙刷

硅胶幼儿牙刷适合8～20颗牙时使用，非常好用，刷毛细，清洁效果更优，而且整把牙刷都是硅胶制成的，所以，不怕宝宝咬。

给宝宝喂药不再犯难

宝宝生病时，可能比平时容易激动、烦闷，更需要家人的关怀。现在大部分给宝宝服用的药物都已经添加了糖果的成分，宝宝比较容易接受。但是，如果宝宝还是不喜欢服药，下面的一些方法可能有帮助。

给宝宝喂药小技巧	
1	准备好宝宝喜欢的食物，让他服完药后食用，以去除药物的味道。在给宝宝服药时要多多鼓励宝宝，服药后要给宝宝适当的奖赏和赞扬
2	尽量在喂药时，将药物喂入宝宝的舌后端。因为味蕾都在舌前部，所以，将药喂入舌后部，宝宝就不会感觉到药味太强
3	不可以通过欺骗手段让宝宝服药，应该告诉宝宝吃药的原因：吃药病就会好起来，身体上的不适就会减轻。让宝宝学会接受服药
4	服药时，可以捏起宝宝的鼻子，让他闻不出药味，减少他对药味的厌恶感和排斥
5	如果在喂药时，宝宝一直乱动，可以请家人帮忙抓住宝宝或抱住他，以防他乱动

diwujie

第五节

做宝宝最棒的家庭医生

留心宝宝的睡态信号

宝宝睡眠中的疾病征兆	
1	如果宝宝入睡后撩衣蹬被，并伴有两颧骨部位及嘴唇发红、口渴、喜欢喝冷饮或者大量喝水，有的宝宝还有手足心发热等症状。这提示宝宝多半患上了呼吸系统的疾病，如感冒、肺炎、肺结核等。家长应尽早带宝宝去医院诊治
2	宝宝入睡后翻来覆去，反复折腾，常伴有口臭气促、腹部胀满、舌苔黄厚、大便干燥等症状。应该谨防宝宝患上胃炎、胃溃疡等胃肠道疾病，应该及早去看医生
3	宝宝睡眠时哭闹不停，时常摇头、用手抓耳，有时还伴有发热现象。可能是宝宝患上了外耳道炎、中耳炎或是湿疹，应及时带宝宝去医院耳科诊治
4	宝宝入睡后用手搔抓屁股。这可能是蛲虫病的表现，应带宝宝到医院就诊，及时医治

6招应对宝宝厌食

● 腹部按摩

宝宝肠胃消化功能弱，容易发生肠胀气。适当的腹部按摩可以促进宝宝肠蠕动，有助于消化。

具体步骤：宝宝进食1小时以后，让宝宝仰卧躺下，手指蘸少量宝宝油，涂抹在宝宝肚子上作润滑，右手手指并拢，以肚脐为中心，用4个手指的指腹按在宝宝的腹部，并按顺时针方向，来回划圈100次左右。

● 补充益生菌

这个阶段的宝宝，在高温的影响下容易发生肠道菌群的紊乱。适量给宝宝补充益生菌，有助于食物的消化吸收以维持正常的肠道运动，从而增进食欲。

● 少吃多餐

对食欲不佳的宝宝不要勉强。如果每次进食的量变少了，可以适当增加一两顿间食，尽量保证每天的总量不变就可以。

● 准备清火营养粥

宝宝开始长牙时，咀嚼能力尚弱。熬一些消暑、健脾的粥给宝宝吃，可以营养、训练两不误。如绿豆百合粥、红豆薏米粥等。

● 餐前2小时不吃零食

适度的饥饿感可以让宝宝食欲增强，餐前2小时内不要给宝宝吃零食、喝果汁，哪怕是两块小饼干，也会大大影响宝宝的食欲。要知道，“饥饿”是最好的下饭菜。

● 食物补锌

宝宝在夏天容易出汗，易导致锌元素的流失，缺锌会引起厌食。可为宝宝补充一些含锌量高的食物，如把杏仁、莲子一类的干果磨成粉，做成辅食给宝宝食用。

缺锌情况严重的宝宝，也可适当服用一些补锌的保健品。

diliujie
第六节

我家的宝宝最聪明

儿歌和童谣让宝宝更聪明

快1岁的宝宝对语言有一定的理解能力，虽然会说的词语很少，但是对大人的许多日常用语已经能准确理解。这时期父母要多给宝宝朗诵儿歌和童谣，增加宝宝的语言记忆能力和理解能力，丰富宝宝的语言词汇，为宝宝学会说话打好基础，从而促进宝宝左脑语言智能发育。

在给宝宝选择和朗诵儿歌童谣时，要注意以下几点：

首先，所选的儿歌童谣语句要简单，最好3～5字为一句，如："小花猫，拔萝卜，拔不动，摔地上，小黄狗，来帮忙"等。

再次，要有音乐美。儿歌的节奏要鲜活明快，朗朗上口，而且最好押韵，这样宝宝就能比较容易地记住并模仿。

而且，儿歌的内容要有信息含量，这样在宝宝练习发音的同时，也能接受到许多信息，能认识更多事物。

还有，儿歌的内容要尽可能地形象一些，这样符合宝宝的思维习惯。宝宝的思维发展是从形象到抽象的过程，对于不满1岁的宝宝而言，接受形象的东西要比抽象的容易。

在给宝宝朗诵儿歌和童谣时要配合丰富、愉快的表情和动作，为宝宝创造一个欢乐的氛围，让宝宝身心愉悦，同时有利于宝宝的理解和记忆。

同一首歌谣可反复给宝宝唱，宝宝听的次数多了自然会模仿一些发音。歌谣是宝宝早教的一种好手段，父母持之以恒，循序渐进，坚持朗诵、吟唱，不能操之过急。

培养宝宝的学习习惯

习惯是经过反复练习而养成的语言、思维、行为等生活方式，它是人们头脑中建立起来的一系列条件反射。这种条件反射是在重复出现而有规律的刺激下形成的，只要接触相同的刺激，就会自然的出现相同的反应，所以说习惯是条件反射，长期积累，反复强化的产物。

一旦形成习惯，就会变成人的一种需要，它具有相对稳定性，具有自动化的作用，不需要别人督促、提醒，不需要自己的意志力。

“凡是好的态度和好的方法，都要使它化为习惯，只有熟练得成了习惯，一辈子也用不尽”，学习更应该成为一种习惯，养成了这种好习惯，宝宝一生受益匪浅。但良好的学习习惯从什么时候开始培养呢？

以前，一般家长都认为是在宝宝上幼儿园后，或上小学后才开始培养学习习惯，其实，现在有好多早教专家认为，宝宝的学习习惯在婴幼儿时期就该开始培养，即在宝宝上学前就应该养成一种学习的好习惯。

在培养宝宝学习习惯时应该注意以下几点：

首先，培养宝宝良好的生活习惯，即有规律的生活：早睡早起，遵守作息常规，保证充足睡眠，物品放置顺序化、固定化，用完即收回原处等。这是因为许多学习习惯与宝宝的日常生活习惯实质上是相通的，有了良好的生活习惯，才会有良好的学习习惯。

其次，培养宝宝的注意力。在做游戏时，父母要通过玩具、动作、表情、声音等多种方法吸引宝宝的注意力，让宝宝投入到游戏中去，如果宝宝精神不集中，可暂停游戏，或选一个宝宝注意力集中的时候再做。

再次，父母要根据宝宝的年龄阶段选择适合宝宝的读物，这个时期的宝宝最好选择一些图画书，适当配有图释汉字，让宝宝翻看自己感兴趣的图片，无意中记忆图片的名字。父母可陪宝宝一起看插图童话书，并给宝宝讲书中的故事，引起宝宝的兴趣。

此外，还要教宝宝正确的握笔姿势和看书、写字姿势，如身子坐正，两臂平放，课本平放前方，胸离桌子一拳远等。

宝宝良好的学习习惯是由父母有意识地培养形成的，而习惯一旦形成，就不易更改。

理解宝宝的大叫声

好多宝宝会大声尖叫，父母会担心，会手足无措。其实，只要了解了宝宝大声叫的秘密后，父母可对症下药，应对宝宝的大叫。

首先父母应该明白，大叫也是宝宝语言表达的一种方式。语言发育是一个漫长的过程，宝宝从出生开始就已经在为将来的语言表达做准备了，放声大叫只是宝宝学习语言过程中的一个阶段性表现、一种特殊的语言方式，就如宝宝的手语和肢体语言一样。大叫可锻炼宝宝的发音系统，就像小鸟初试啼声一般，宝宝会觉得自己发出的声音很好玩，就会有意大声叫起来。

再次，大叫是宝宝在向周围的人传递信息，是想让父母了解他的意愿，并予以相应地满足。因为大声尖叫能引起父母的关注。宝宝从很小的时候就会发觉虽然自己的个头小，却能用最大的声音去吸引每个人的注意。于是在他们想表达什么的时候，就会用尽全身力气去喊叫。如果他们的叫声成功地吸引了人们的注意，下一次他们的分贝会更高，持续的时间会更长。

在宝宝大叫时父母应该先确定宝宝身体上是否有不舒服的地方，例如，是否是尿湿了、饿了、累了或想睡觉了。如果宝宝身体上没有不舒服处，而且也不饿不累，那么父母应该考虑宝宝是否是感觉到寂寞了。通常宝宝会用大叫来要求父母的关心和爱抚，这时父母应该想想是不是忽略了对宝宝的关注。有时候宝宝不想被长期地关在围栏或婴儿床里，而是想去外面玩耍，也会发出抗议的大叫声。

如果宝宝只是兴趣来临，大叫几声，或看到什么好奇的东西大叫几声，父母可顺势模仿宝宝叫，引导宝宝训练发音系统。如果宝宝因为生理或心理上的需求而大叫，父母要根据宝宝的生活习惯和具体情况，适当给予满足，尤其是生理上的需求。

此外，父母也要控制自己说话的音量，尤其是对宝宝说话的时候不要大声叫喊。

第十三章

宝宝13～15个月，长得好快啊

diyijie
第一节

这样看宝宝的生长发育指标

宝宝的发育指标

15个月	男宝宝	女宝宝	15个月	男宝宝	女宝宝
体重	约11千克	约10.2千克	头围	约47.5厘米	约46.2厘米
身长	约79.4厘米	约77.8厘米	出牙数	4～12颗	4～12颗

宝宝的发育特点

1. 宝宝能独自走，并且走得很好。

2. 能站着朝大人扔球。

3. 能自己从瓶中取出小丸。

4. 能用笔在纸上乱画。

5. 把图画书或者卡片给宝宝，宝宝能按要求用手指找对相应的图画。

6. 会自己用匙吃饭。

7. 能区分自己和异性的身体。

小贴士

宝宝真正开始迈步

宝宝已经到了真正开始迈出步子的时期。当然，由于个体差异，有的宝宝还不能自己走路。这一时期的宝宝走起路来可不像大人那样大步向前走，而是两腿分开得很宽，脚尖向外，走起路来歪歪扭扭的。

第二节

最佳喂养方案

这个时期宝宝需要的主要营养

根据每个宝宝的实际情况，为宝宝安排每日的饮食，让宝宝从规律的一日三餐中获取均衡的营养。要根据宝宝的活动规律合理搭配，兼顾蛋白质、脂肪、热量、微量元素等的均衡摄取，使食物多样化，从而培养宝宝的进食兴趣，全面摄取营养。

小贴士

宝宝咀嚼能力较差

宝宝过了1岁，与大人一起正常吃每日三餐的机会就逐渐增多了。但此阶段的宝宝，乳牙还没有长齐，所以咀嚼能力还是比较差的，并且消化吸收的功能也没有发育完全，虽然可以咀嚼成形的固体食物，但依旧还要吃些细、软、烂的食物。

科学合理的饮食

营养是保证宝宝正常生长发育、身心健康的重要因素。只有营养供应充足，宝宝的身体才会结实、强壮。营养是否充足还关系到大脑功能，营养不良会对宝宝大脑的发育产生不好的影响，并且会造成智力发育和体格发育不良，即使到了成年也无法弥补。

宝宝一天的食物中，仍应包括谷薯类、豆类、奶类、水果、蔬菜、肉、禽、蛋，营养搭配要适当，每天应保证奶类400～500毫升。在宝宝8个月起，消化蛋白质的胃液已经充分发挥作用了，为此可多吃一些含蛋白质高的食物。宝宝吃的肉末，必须是新鲜瘦肉，可剁碎后加作料蒸烂吃。增加一些马铃薯、红薯片含糖较多的根茎类食物，还应增加一些粗纤维的食物，但最好把粗的或老的部分去掉。当宝宝已经长牙、有咀嚼能力时，再让他啃食较硬一点的食品。

适时给宝宝添加粗粮

为了宝宝有一个健康的未来，从小就应培养多吃粗粮和果蔬的好习惯。

● 常吃粗粮和果蔬好处多

各种粗粮以及新鲜蔬菜和瓜果，不仅含有丰富的营养素，还含有大量的膳食纤维，包括纤维素、半纤维素、木质素、果胶质、树胶质和一些非纤维素糖。

植物纤维具有不可替代的平衡膳食、改善消化吸收和排泄等重要生理功能，起着“体内清洁剂”的特殊作用。

● 防范糖尿病

从饮食上着手，做到少精多粗。由于膳食纤维遇水膨胀的特点，延缓了食物在胃内停留的时间，减慢了肠道吸收糖的速度，避免餐后出现高血糖现象，提高人体耐糖的程度，利于血糖稳定，因此，可以常让宝宝吃些富含膳食纤维的全谷粗粮和蔬菜，可起到预防儿童糖尿病的作用。

● 有益于皮肤的食物

宝宝如吃肉类及甜食过多，在胃肠道消化分解的过程中会产生不少毒素，侵蚀皮肤，肤色会变得灰暗枯黄，容易发生痤疮、疖肿等皮肤病。若让宝宝常吃些粗粮和蔬菜，既能促使毒素排出，又使体液保持弱碱性，有益于皮肤的健美。

● 粗粮细做

把粗粮磨成面粉、压成泥、熬成粥或与其他食物混合加工成花样翻新的美味食品，使粗粮变得可口，增进食欲，能提高人体对粗粮营养的吸收率，满足宝宝的需求。粗粮中的植物蛋白质所含的赖氨酸低于动物蛋白质，弥补的办法就是提倡食物混吃，以取长补短，如玉米中含的赖氨酸和色氨酸较低，可与黄豆或黑豆共同食用，两者可产生互补，使赖氨酸在比例更接近人体需要。如八宝稀饭、腊八粥、玉米红薯粥、小米山药粥等。由黄豆、黑豆、绿豆、花生米、豌豆磨成的豆浆等，都是很好的混合食品，有利于人体的消化吸收。饮食讲究的是全面均衡多样化，任何营养素都是和多种营养素一起搭配才能发挥综合作用。

Lisanjie
第三节

宝宝开始吃正餐

马铃薯萝卜粥

[材料]

大米粥1碗，马铃薯10克，胡萝卜5克，海带汤100毫升。

[制作]

1 马铃薯和胡萝卜去皮后切成小块。

2 把大米粥、马铃薯、胡萝卜和海带汤倒入锅里大火煮开，后调小火煮。

地瓜冬菇粥

[材料]

大米粥1碗，地瓜20克，角瓜10克，冬菇5克，清水100毫升。

[制作]

1 冬菇用开水烫一下后捣碎。

2 去皮的地瓜和角瓜切成小块。

3 再把大米粥、冬菇、地瓜、角瓜和清水倒入锅里大火煮开，再调小火煮。

小米豌豆粥

[材料]

大米30克，小米10克，豌豆10克，栗子10克，萝卜5克，水100毫升。

[制作]

1 小米用水浸泡30～60分钟，豌豆煮熟后去皮捣碎。

2 栗子和萝卜去皮后切成5毫米大小。

3 把大米、小米、豌豆、栗子和萝卜，加上清水倒入锅里用小火充分煮开。

玉米南瓜粥

[材料]

大米粥1/2碗，南瓜15克，玉米10克，茭瓜5克，清水100毫升。

[制作]

1 玉米用开水烫一下后捣碎。

2 南瓜去皮、去籽切成5毫米大小。

3 把大米粥、玉米、南瓜、茭瓜和清水倒入锅里大火煮开，再调小火煮。

冬瓜虾米汤

[材料]

冬瓜100克，虾米5克，盐、葱末少许，清水适量。

[制作]

1 冬瓜洗净，去皮，切薄片。虾米用水泡软。

2 锅置火上，下入冬瓜片翻炒2分钟后，加入清水烧开。加入虾皮再次烧开后加入盐、葱末即可。

鸡蛋面片汤

[材料]

面粉100克，鸡蛋1个，菠菜20克，酱油少许，清水适量。

[制作]

1 将鸡蛋打散。将面粉放入盆内，加入蛋液，团成面团，擀成薄片，再切成小片备用。

2 菠菜洗净，切成末。

3 锅置火上，倒入适量清水烧开，然后把面片下锅，煮好后，加入菠菜末、酱油即可。

卷心菜西蓝花汤

[材料]

卷心菜10克，西蓝花10克，洋葱5克，麦粉1大匙，少量橄榄油，水50毫升。

[制作]

1 捣碎去心部后的卷心菜和去皮的洋葱，西蓝花只捣碎菜叶部分。

2 煎锅里放入橄榄油，然后炒洋葱和西蓝花。

3 麦粉加在水中搅匀后倒在煎锅中，充分搅拌后用大火煮一段时间，然后调小火用小匙边搅拌边煮。

disijie
第四节

日常护理指南

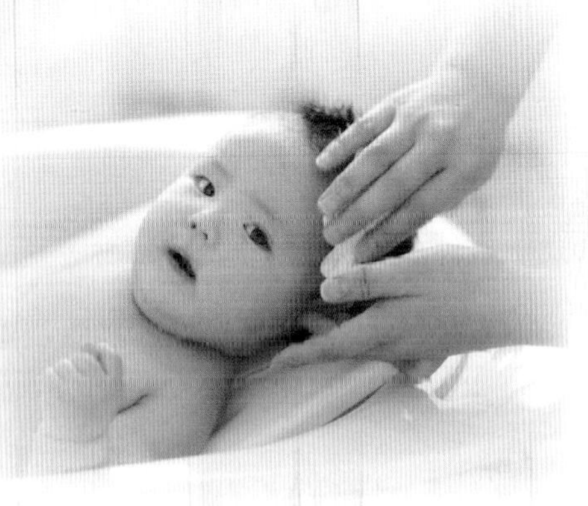

宝宝的穿衣打扮

● 衣着样式

宝宝的衣服要便于穿脱，因为此阶段宝宝可以逐渐培养自己穿、脱衣服，不要有许多带子、纽袢和扣子。一般一件衣服上有2～3颗大按扣即可，容易穿脱。另外，上衣要稍长，但不宜过于肥大、过长，使宝宝活动不便，当然也不能太瘦小，影响动作伸展。衣领不宜太高、太紧，最好穿背带裤、儿童短裤，女孩不宜穿过长连衣裙，以免活动时摔跤引起事故。

● 打扮

宝宝不宜烫发和化妆，因为烫发和化妆会对宝宝的头发和皮肤造成一定伤害。不宜男扮女装或女扮男装，因为这样容易导致性别颠倒。不宜穿紧腿裤，或过于贵重、精致的服装，这样的服装对宝宝的身心发育都不利。

● 鞋子

最好给宝宝选购稍大且平底的方口或高腰鞋，这样的鞋子适合于此期的宝宝穿着。这一时期因为宝宝正处于发育旺盛的时期，一旦鞋子小了就应马上换新鞋。到了两岁左右，宝宝可以穿合适的普通的球鞋。

● 穿衣能力和习惯的培养

在教宝宝穿脱衣时，要给宝宝仔细讲解每一个动作，如脱衣，要先把着宝宝的一只手放在背后，使宝宝的另一只手拉住此只手的袖子向下拉即可。

12个月以后的宝宝会抓起帽子戴在头上，但还要14个月后才能戴正。宝宝在学穿鞋时开始可能分不清左右，家长要反复示范，一定要仔细、耐心、循序渐进地教，这样才能达到预期的效果，使宝宝逐渐学会自己穿脱衣物。

保证宝宝的睡眠质量

当走进宝宝的房间时，如果闻到一种怪味，这是由于室内长时间不通风导致二氧化碳增多、氧气减少所引起的。在这种污浊的空气中生活和睡眠，对宝宝的生长发育大为不利。开窗不仅可以交换室内外的空气，提高室内氧气的含量，调节温度，还可增强宝宝对外界环境的适应能力和抗病能力。

宝宝的新陈代谢和各种活动都需要充足的氧气，年龄越小，新陈代谢越旺盛，对氧气的需求量也越大。因为宝宝户外活动少，呼吸新鲜空气的机会也少，所以应经常开窗，增加氧气的吸入量，来弥补氧气的不足。宝宝在氧气充足的环境中睡眠，入睡快、睡得沉，也有利于脑神经得到充分休息。

开窗睡觉时，不要让风直吹到宝宝，若床正对窗户，应用窗帘遮挡以改变风向。总之，不要使室内的温度过低或过高，室内温度以18℃～22℃为宜。

宝宝养成讲究口腔卫生的好习惯

父母都不希望宝宝患龋齿，但怎样做才能避免宝宝患龋齿呢？其实龋齿的发生与口腔卫生有着十分密切的关系，父母应了解刷牙的重要性和正确的刷牙方法，早早对宝宝进行口腔卫生的启蒙教育及刷牙习惯的培养。宝宝自出生6个月左右开始长出乳牙，到30个月左右乳牙全部长齐，共计20颗牙齿。由于这一时期宝宝对口腔卫生的意义不理解，所以，必须依靠父母做好宝宝的口腔卫生保健。

在进行口腔清洁时，父母应密切观察宝宝易患龋齿的部位，如后牙的咬合面及邻接面，上下前牙的牙缝处，如果里面刷不到，可用牙线清洁。宝宝只有持之以恒，才能养成良好的口腔卫生习惯。

diwujie

第五节

做宝宝最棒的家庭医生

保护宝宝的视力

● 视觉保护的意义

婴幼儿时期是视觉发育的关键时期和可塑阶段，也是预防和治疗视觉异常的最佳时期，因此，积极做好预防与保护工作非常重要。

● 视觉保护的方法

宝宝居住、玩耍的房间最好是窗户较大、光线较强的房间，家具和墙壁最好是明亮的淡色，如粉色、奶油色等，使房间获得最佳采光效果。

如果自然光不足，可加用人工照明。人工照明最好选用日光灯，灯泡和日光灯管均应经常擦干净尘土，以免降低照明度。

其次是看电视的保护。宝宝此期可能会非常喜爱观看电视节目，但要注意，24个月以内的宝宝不能看电视。如果一定要看，每周不能超过2次，每次不能超过10分钟，最好在座位的后面安装一个220V 8W的小灯泡，可以减轻看电视时的视力疲劳。

另外还有看图书、画画的保护。宝宝看图书、画画的坐姿要端正，书与眼的距离宜为33厘米，不能太近或太远，不能让宝宝躺着或坐车时看书，以免视力紧张、疲劳。

为了保护宝宝的视力，还要供给宝宝富含维生素A的食物，如动物肝脏、蛋黄、深色蔬菜和水果等，经常让宝宝进行户外游戏和体育锻炼，有利于恢复视觉疲劳，促进视觉发育。

掌握带宝宝看医生的最佳时机

● 咨询医生

父母对于宝宝总有一种直觉，能够明确地说清楚宝宝是否健康。有时疾病发生在宝宝身上不会立即察觉出来，只是行为有些不正常，例如不像正常一样吃饭，或是异常的安静，或是异常狂躁。只有经常与宝宝待在一起的人才能发现这些迹象。

如果妈妈坚持认为宝宝生病了，就一定要去咨询医生，尤其是在出现一些可疑征兆时，更应该向医生咨询。

● 具体方法

如果宝宝的体温超过38℃，能看出宝宝明显发病，应该去看医生；如果体温超过39.4℃，即使看不出宝宝有什么发病的迹象，也要去看医生；如果宝宝发热时，体温忽高忽低，或伴有幼儿惊厥，或体温连续3天达到38℃以上，或宝宝出现发冷、嗜睡、异常安静、四肢无力等症状，都应该抓紧时间看医生。

需要立即带宝宝去医院的情况	
1	宝宝出现意外或烧伤；当宝宝失去了知觉时，不论其时间多么短；宝宝外伤伤口较深，引起严重失血时；宝宝被动物、人或是蛇咬伤时；眼睛受到物体挫伤时，都一定要抓紧时间看医生
2	如果宝宝出现恶心、昏迷或者头痛时，应及时看医生
3	如果宝宝出现呼吸困难，每次呼吸均可见肋骨明显内陷，要及时看医生
4	如果宝宝呕吐严重，持续过久或是呕吐量很大，一定要及时看医生

diliujie

第六节

我家的宝宝最聪明

睡前故事促进宝宝大脑发育

睡前故事一直以来是增强亲子关系的纽带，帮助宝宝更好睡眠的催化剂。最近的研究发现，父母给宝宝创造的优美、安静的故事情境可不知不觉地促进宝宝的大脑发育。这种作用主要是通过宝宝的逻辑思维能力和神经系统发育两方面来实现的。

● 睡前故事可增强宝宝的逻辑思维能力

宝宝第一次听故事几乎什么都没记住，但反复地听上几遍就会注意到故事中情节和次序，有时他们还会根据自己所学到的知识来预测接下来将要发生的事情。这些关于次序性、直觉性知识在宝宝今后数学、科学、写作等学习中会发挥巨大的潜力。父母讲故事时可以多提出一些问题，如“你猜后来会怎样”等。

● 选择内容平静、优美的故事

为了让宝宝安静入梦，最好挑选有安定感、情节变化平静的故事，宝宝才不会越听越兴奋，如《会飞的小蚂蚁》《彩虹尾巴下面的青蛙》《小白兔的种子》等；家长讲故事时，要把故事讲得有安宁的气氛，并不时针对宝宝的年龄和心智发育，稍微调整故事内容。

● 语言生动形象、感情丰富

父母在给宝宝讲故事时可适当夸张自己的语言，让声音更加生动形象，多用一些宝宝喜欢的、容易理解的词语，如拟声词、重叠词等，如果家长能够充分表现愉快、愤怒、失望、难过等情绪，睡前故事就会更精彩。讲故事之前，最好先了解故事的主题和内容，那么讲起来一定很自然生动。

如何教宝宝用词组表达意图

在这个阶段之前宝宝可能只会说单音节词汇，比如问宝宝叫什么啊，可能会说“宝”，问宝宝吃奶了没，可能会说“吃”或“奶”；但满12个月后，宝宝慢慢学会舌头拐弯，开始使用词组，如“吃奶”“妈妈抱”之类的话，也就是说宝宝已经进入了短语阶段。

这个阶段的特征是：宝宝能够准确地使用简单词汇，通常是身边事物的名称，或经常发生的动作等，比如“鸭子”“车子”或“爸爸喝”等。

这时期父母要在宝宝学会用一个字表达自己的要求的基础上，进一步训练宝宝用两个字以上的词组表达要求。例如，宝宝说“抱”时，可能是让妈妈抱他，也有可能是他想抱布娃娃。这时父母就可根据当时的情景引导他说出完整的词组，如“妈妈抱”或“抱娃娃”。再如宝宝说“喝”时，父母就可问他“宝宝要喝水？”“宝宝要喝奶？”然后教他说“喝水”“喝奶”。

父母在教宝宝使用词组时父母可从以下几个方面着手：

● 多说

多说包括父母要多向宝宝说话和多激励宝宝开口说话两方面。父母可不断地向宝宝介绍周围的人和物，详细地描述一些细节，让宝宝暴露在语言环境当中。同时还要适当地鼓励宝宝多使用口语词汇而不仅仅动动手指，比如在宝宝指着冰箱做出想要的动作时，父母可以鼓励他说出“果汁”“牛奶”等词汇。

● 儿歌与阅读

儿歌和阅读是促进宝宝语言发展的主要手段，多给宝宝唱儿歌，多给他讲故事，配合表情和动作，增加宝宝的语言理解能力，丰富宝宝的语言词汇。同时，在押韵或重复字处放慢速度，给宝宝一定的时间模仿发音。

● 语言游戏

多花些时间在游戏上，鼓励宝宝说出各种玩具的名字及颜色，大人说出玩具的名字让宝宝找，让宝宝玩过家家等。在游戏中父母要多说，并且要刺激宝宝说。

● 鼓励

当宝宝无意中使用短语表达他的意愿时，父母应当积极鼓励并好好表扬一下，帮助他建立自信，同时引导他尽量多使用短语代替哭闹和手势。

每个宝宝的语言发育程度不一样，有的宝宝可能言语发育缓慢，12个月时还不会说词组，父母也不用着急，多和宝宝“交谈”，激发宝宝说话的潜能，多和宝宝做语言游戏，加强锻炼。

音乐开发宝宝的右脑

人大脑的左脑负责完成语言、阅读、书写、计算等工作，被称为“语言脑”；右脑负责完成音乐、情感等工作，被称为“音乐脑”。由于人类生活离不开语言，因而“语言脑”的利用率特别高，而“音乐脑”的利用率则特别低，从而造成左右脑的功能失调。

当我们越多地使用左脑时，右脑使用的机会就会越少，甚至会关闭。右脑的存储量是左脑的100万倍，但全世界的人一辈子开发的右脑不足4%，大部分的右脑在“睡大觉”，白白浪费了，这是令人吃惊和遗憾的。

由于“音乐脑”能使人产生创造力、联想力、直观力、想象力及灵感，所以如能够设法开发利用“音乐脑”，那将会提高人类的智能。研究者强调，“音乐脑”在幼儿时期至关重要。幼儿期是“音乐脑”的推理能力和空间想象能力的开始形成时期。这一时期“音乐脑”的思维模式不仅容易形成，而且能永久保持。所以，幼儿期如能让宝宝经常学音乐、听音乐、就可以大大地开发“音乐脑”，提高宝宝的智能，这对宝宝的一生将产生重大影响。

不过，并不是所有的音乐都能起到开发右脑的作用。在音乐的选择上，要注意以下几个原则：没有歌词的古典音乐，没有详细意义指向的音乐，温馨柔美的音乐，有艺术价值的音乐，与宇宙生命同步的音乐都是比较适合的。

第十四章

宝宝15～18个月，快速成长的关键时期

diyijie
第一节

这样看宝宝的生长发育指标

宝宝的发育指标

18个月	男宝宝	女宝宝	18个月	男宝宝	女宝宝
体重	约11.7千克	约11千克	头围	约48.0厘米	约46.8厘米
身高	约83.3厘米	约81.9厘米	出牙	约12颗	约12颗

宝宝的发育特点

1. 能扶着栏杆连续两步一级地走上楼梯。
2. 宝宝知道利用椅子设法去够拿不到的东西。
3. 可以把3块积木摞起来。
4. 可以盖上碗盖。
5. 可以倒着走。
6. 能用手从一个方向把书页翻过去，每次2～3页。
7. 开始长臼齿。
8. 将2～3个字组合起来，形成有一定意义的句子。
9. 会要吃和喝的东西。
10. 能在家里模仿大人做家务。
11. 要大小便时会告知大人。

第二节

最佳喂养方案

这个时期宝宝需要的主要营养

● 注意宝宝的饮食结构与搭配

在此阶段，仍要关注宝宝的饮食营养，饮食多样化，合理烹饪，多提供五谷杂粮类和蔬菜水果类的食物，保证宝宝的营养全面。

肥胖的宝宝可以减少点心的摄入，在食谱中减少高热能食物的饮食，多吃一些新鲜的水果和蔬菜。

引导宝宝合理摄入水分。冬季每天所需水量约1000毫升，夏季约1500毫升。宝宝在上午和午饭时摄入全天水量的一半或大部分。晚饭不要太咸，6点以后尽量少喝水和吃西瓜等含水分大的水果，以免晚上尿床。夏天宝宝活动量太大，出汗过多，下午也可以喝水。

● 认识不足导致宝宝营养失衡

营养失衡包括营养缺乏和营养过量两类。具体而言，营养缺乏有全面的营养素缺乏和个别的营养素缺乏。全面的营养素缺乏是因为总的食物摄入过少而造成的各种营养素的缺乏；而个别的营养素缺乏，是因为食物摄入营养素不平衡而引起的某种或多种微量元素或维生素缺乏。而营养过量，大多数情况下指的是能量物质摄入过多，比如脂肪、糖类。

研究表明：不正确的饮食行为是造成肥胖的直接原因。比如吃得过快，喜欢吃油炸食品、洋快餐和含糖饮料等。

制作辅食的注意事项

在做米饭前，洗米的时候不要用力搓，时间不宜太长，洗2次就好，并且不要浸泡太久，不要在流水下冲洗，不能用热水冲洗，否则会造成蛋白质的流失。

制作方法:应该选择蒸饭或者焖饭的做法，这样能最大限度地保存营养，要尽量避免炒饭。做粥的时候，最好不要放碱，以免维生素受到破坏。

合理选择宝宝的零食

选择好给宝宝吃零食的时间。在宝宝吃中晚餐之间喂给宝宝一些点心和水果，但是不要喂太多，约占总热量的15%就好。无论宝宝多爱吃零食，都要坚持正餐为主零食为辅的原则。要注意在餐前1～2小时就不让宝宝吃零食，以免影响正餐或出现蛀牙。

宝宝的零食最好选择水果、全麦饼干、面包等食品，并且经常更换口味，这样宝宝才爱吃。不要选择糕点、糖果、罐头、巧克力等零食，这些食品不光糖量高，而且油脂多，不仅不容易消化，还会导致宝宝肥胖。可以根据宝宝的生长发育添加一些强化食品，如果宝宝缺钙，可以给宝宝吃钙质饼干，缺铁可以添加补铁剂。要注意的是选择强化食品要慎重，最好根据医生的建议选择。

宝宝不吃饭不一定是厌食

有的父母是按照自己的想法，而不是按照宝宝的需求进行喂养。宝宝想吃的时候不给，或是给零食。宝宝吃零食已经饱了，却要他再吃辅食。宝宝的胃只有那么大，吃了别的就再装不下应该吃的东西了，结果父母就认为宝宝厌食，其实这是认识上的错误。

父母应该学着了解宝宝饥饿的信号，饱的时候不强迫宝宝进食，否则会让宝宝从小就出现逆反心理，使吃饭成了最大的负担。

怎样确保宝宝在日光下的安全

虽然阳光和新鲜空气对宝宝的健康有帮助，但却不能让宝宝在日光下暴晒，以免晒伤。晒伤后不仅会引起疼痛，更会增加宝宝日后患皮肤癌的概率。因此，父母切记在阳光最强烈的时候（通常在上午11点到下午3点），不要让宝宝到太阳下面玩耍。而平时可用专为儿童配制的防晒油保护宝宝的皮肤，这样可以有效地阻隔太阳的紫外线。对于长时间在户外活动的宝宝来说，要反复涂抹，尤其是游泳后。

父母可以劝告宝宝到阴凉的地方去玩，但要注意一些情况，如沙地、水面、水泥地面和玻璃表面，同样能反射太阳光。多云或阴天时，宝宝也有可能被晒伤，所以，在夏季，即使是阴天也要给宝宝用防晒油。

disanjie

第三节

宝宝开始吃正餐

海带豆腐汤

[材料]

南豆腐1/2块，海带100克，番茄1/2个，葱、盐、香油各少许。

[制作]

1 将南豆腐、海带切成小块。

2 将番茄煮一下后去皮和籽，再切成小块。

3 锅置火上，锅内放适量清水，放入豆腐、海带、番茄和葱花。

4 将所有原料一同煮5分钟，再放入盐，淋点香油即可。

鸡蛋牛肉羹

[材料]

牛肉50克，鸡蛋1个，豌豆5粒，葱、植物油、酱油、白糖、盐、水淀粉、香油各少许。

[制作]

1 鸡蛋搅打成鸡蛋液。

2 牛肉洗净剁成末状，加入香油拌匀。

3 豌豆粒先入水煮熟，葱切成末，备用。

4 锅置火上，将植物油烧热，用葱粒爆香，加入牛肉翻炒，再倒入半碗水，加入酱油、盐、白糖、水淀粉，加入豌豆粒、鸡蛋液，搅拌均匀即可。

红薯粥

[材料]

红薯1/2个，大米粥1/2碗，清水适量。

[制作]

1 将红薯蒸熟。

2 将红薯、大米加适量清水一起煮成粥即可。

炖排骨

[材料]

排骨2块，清水适量，姜、葱、大料各适量，醋少许。

[制作]

1 将排骨洗净切成小块。

2 加清水、姜、葱、大料、少量的醋，用高压锅煮30～40分钟即可。

肉末茄泥

[材料]

茄子1/3个，瘦肉末1匙，水淀粉少许，蒜1/4瓣，盐少许。

[制作]

1 将蒜瓣剁碎，加入瘦肉末中，用水淀粉和盐搅拌均匀，腌20分钟。

2 茄子横切1/3，取带皮部分较多的那半，茄肉部分朝上放碗内。

3 将腌好的瘦肉末放在茄肉上，上锅蒸烂即可。

日常护理指南

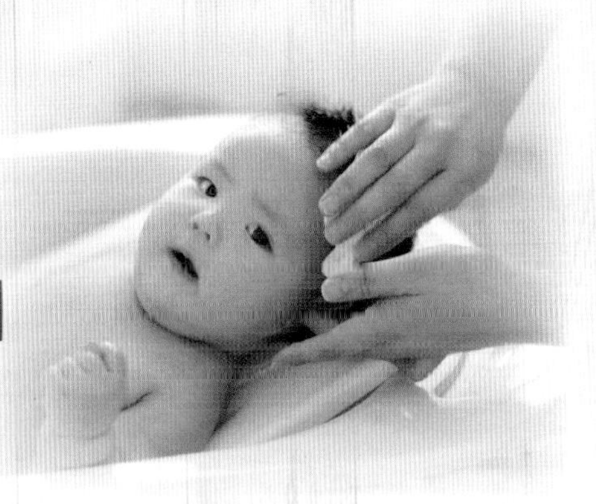

宝宝大小便的训练

宝宝12个月以后一天小便10次左右。可以从12个月后培养宝宝会主动表示要小便的习惯。妈妈首先应掌握宝宝排尿的规律、表情及相关的动作，如身体晃动、两脚交替等，发现后让宝宝坐便盆，逐渐训练宝宝排尿前会表示，父母在宝宝每次主动表示以后都要给予积极的鼓励和表扬。

宝宝12个月以后，大便的次数一般为每天1～2次，有的宝宝2天1次。如果很规律，大便形状也正常，父母不必过虑，均属正常现象。每天应坚持训练宝宝定时坐盆排便，慢慢养成定时排便的习惯。

另外，此期应该对宝宝进行“上厕所教育”。这种教育旨在帮助宝宝逐渐摆脱用尿布解决大小便的问题。

教此期的宝宝如何上厕所，要使用宝宝能听得懂的简单语言；教宝宝用简单的语言表达上厕所的需求。每天可有2个小时不给宝宝穿尿布，让宝宝自己走到便盆处排便。另外，要训练宝宝自己脱内裤排便等习惯。

把握宝宝如厕训练的时机

要等到宝宝真正准备好再开始训练，这样，整个训练过程对父母和宝宝来说，才不会太痛苦。在决定训练如厕之前，最好对照一下基本清单，看看宝宝是不是已经准备好了。

宝宝是否可以训练如厕	
1	排便有规律，大便柔软
2	能把裤子拉上拉下
3	模仿别人上厕所的习惯（喜欢看妈妈上厕所，想穿内裤）
4	排便的时候有反应，如会哼哼唧唧，蹲下或告诉妈妈
5	会说表示小便或大便的话如尿尿、臭臭等
6	尿布湿了或脏了之后，会把尿布拉开，或跑过来告诉妈妈尿布脏了
7	能爬到儿童马桶或成人马桶上
8	尿湿尿布的时间间隔变长，至少3小时
9	会研究自己的身体器官

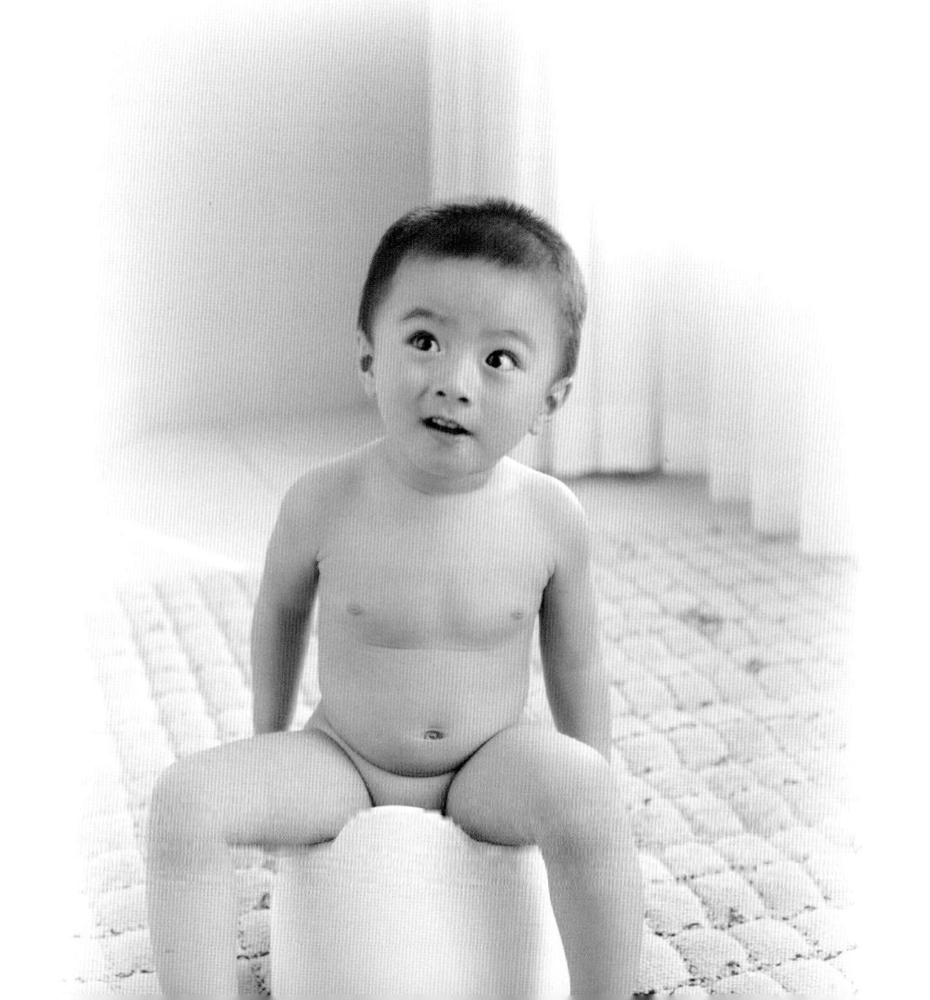

diwujie

第五节

做宝宝最棒的家庭医生

如何预防宝宝急性结膜炎

急性结膜炎是细菌或病毒感染所导致的眼结膜急性炎症。急性结膜炎的患儿发病急，常见的症状有眼皮发红、肿痛、怕光、白眼珠发红、眼角分泌物多、睡醒时甚至睁不开眼，有时眼周、颊部也红肿等症状。

这种病传染性很强，因此，患儿的眼泪及眼角分泌物接触到的物品，如脸盆、毛巾等，都应单独使用；给患儿点眼药的前后都要用肥皂洗手；不要用给患儿擦过药的手揉眼睛；在医生的指导下使用眼药，再服用消炎药就可以很快治愈。

提防宝宝啃咬物品中毒

● 防范原因

此阶段的宝宝喜欢往嘴里放一些东西，有些东西可能含有毒性，在宝宝将一些东西送入口中的时候，危险也随之而来，所以，家长一定要做好监护工作，提防宝宝啃咬东西中毒。

● 安全防范措施

一些文具含有毒素，如铅笔外面的彩色图案可能含有重金属，这会在宝宝啃咬时发生危险，所以应教育宝宝不要啃咬铅笔或其他一些物品。

宝宝的一些饰品也会给宝宝带来危害，如亮晶晶的耳环，项链、手链或脚环等，这些都是宝宝的最爱，但这些饰品的材质中含有毒性，如铅等，并且对于小件的饰品，宝宝还有可能吞入肚子而发生危险，所以，家长尽量不要让宝宝佩戴饰品，并且还要将一些小件的饰品收起来，以免宝宝吞进肚子发生危险。另外，其他的一些东西也要预防宝宝啃咬，随时发现随时制止。

当然，对于处于口欲期的宝宝来说，制止他不往嘴里放东西是不可能的，所以，为了满足宝宝特殊的生理需要，也可以适当的买些淀粉玩具给宝宝玩，这种玩具以淀粉为材料制作而成，避免了其他物品可能产生毒性危害，这样即使宝宝啃咬，也不会出现问题。

第六节 我家的宝宝最聪明

父母要注意讲话语气

父母说话的语气对宝宝的影响很大，包括情商、智商、气质、修养等方面的影响。成功的家教与父母的言语表达息息相关。尤其是进入儿语阶段，宝宝对语言的感知能力和模仿能力都增强，父母更应该注意自己的说话语气。一般情况下，建议父母多用以下语气跟宝宝说话：

哪些语气对宝宝的发展有利	
鼓励的语气	要宝宝做到没有过失，这是不可能的。当宝宝做错了事，不要一味地批评责备，而应帮助他在过失中总结教训，积累经验，鼓励他再次获得成功
赞赏的语气	每个宝宝都有优点，都有表现欲，发现宝宝的优点并加以赞赏，会让他更加乐于表现
信任的语气	宝宝希望得到成人特别是父母的信任，所以对宝宝说话时要表现出充分的信任。经常用信赖的语气跟他说“我相信你”，这无形中就给了宝宝一份自信
商量的语气	每个宝宝都是有自尊心的。要宝宝去做某件事情，可用商量的语气，让他明白，他跟你是平等的，你是尊重他的。经常责备宝宝，他心里就会产生反感，即使按你的要求去做，也是不开心的
成人的语气	对于已满周岁的宝宝，我们一直主张用与成人说话的语气和态度和他交流，宝宝需要认知成人，如果成人也变成了儿童的语气，很夸张的样子，那么儿童也会认为成人也就是那个很夸张的样子

脑力开发能让宝宝更聪明

大脑是人体“最高司令官”，人的行为、语言、判断、感觉、思考均由大脑指挥，因此，要让宝宝变得聪明，脑力开发至关重要。

0～3岁是人一生中脑部发展的黄金期，也深刻影响着未来智力潜能的发展，巴甫洛夫认为在婴幼儿成长的过程中，一旦错过了生长发育期，脑组织结构就会趋于定型，潜能发展也将受到限制，即使拥有非凡的天赋，也无法获得良好的发展。因此，父母要把握这段黄金期，施予婴幼儿早期教育，促进脑细胞的增加分化与脑神经的突触紧密连接。

● 认清左右脑分工

大脑分为两部分：左脑和右脑。左脑与右半身的神经系统相连，掌管语言、数学、逻辑思维、分析判断，擅长理性思考，称为“学术脑（语言脑）”；右脑与左半身的神经系统相连，掌管图像感觉、音乐韵律、创造性思维、空间想象，擅长情绪处理，称为“艺术脑（音乐脑）”。

● 认清宝宝的左右脑优势

具有左脑发达优势的宝宝通常会较早地学会说话和走路，能较快地掌握数字和运算等，但容易混淆相似的符号及图形；具有右脑发达优势的宝宝通常直觉敏锐，瞬间记忆力强，具有分辨相似图形的能力、易表达情感等。

● 全面进行脑力开发

父母有必要了解宝宝是具有左脑发达优势还是右脑发达优势，然后根据宝宝的具体情况，通过触觉、听觉、嗅觉、味觉、本体感、想象、记忆等方面的训练与刺激，全面促进宝宝的脑力开发，游戏是主要开发的手段。

● 给宝宝增加良性刺激

儿童心智发展迟缓，除了有些是先天的脑部功能缺陷造成的，还有一部分是属于后天形成的，原因在于从出生开始，宝宝脑部的功能就没有获得足够的刺激与开发，以致脑发展延迟。父母应该通过游戏，刺激宝宝各方面的功能。

脑力开发并没有那么复杂，这里介绍一些简单易行的方法：多回应宝宝的呼唤，多和宝宝说话，多抚摸宝宝，多让宝宝动手，多看，多爬，多给宝宝唱儿歌，多让宝宝玩“有些脏的游戏”，如玩沙子，甚至玩泥巴等，让宝宝多一点情感体验。

新妈妈笔记